시스템엔지니어링이 열어가는

수소차 마이크로그리드 세상

정재천 지음

GS인터비전

시작하면서

이 세상에는 시스템엔지니어링 관련 책들이 많이 있습니다. 그 책들은 저자의 오랜 경험과 풍부한 지식을 바탕으로 만들어졌습니다. 제 지식의 부족함 때문이겠지만, 솔직히 고백하면 그 내용이 한눈에 들어오는 책은 없어 보입니다. 대부분의 책이 딱딱한 내용인 공학적 시스템을 엔지니어링 하는 단계를, 여러 주제를 가지고 설명하다 보니 저와 같은 독자들이 이해하기가 어려운 것은 아닐까 생각해 봤습니다. 그리고 용기를 내었습니다, "독자들이 시스템엔지니어링을 쉽게 받아들일 수 있는 책을 써 보자!"

그간 공부하고 국내외 전문가들과 같이 고민했던 시스템엔지니어링이라는 분야는 제겐 참 매력적인 학문입니다. 이 매력을 여러분과 같이 느껴보고자 2040년의 자동차와 마이크로그리드를 소재로 삼아 이 책을 씁니다. 시스템엔지니어링은 두 소재를 가지고 어떻게 2040년의 자동차 마이크로그리드를 개발할 것인가를 얘기합니다. 이 과정은 일반적인 요리 과정과 닮았습니다. 요리에서는 재료를 어떻게 고를 것인가? 어떤 과정과 방법을 거쳐 맛있는 요리를 손님에게 내놓을 것인가가 주 관점입니다. 무릇 요리란 좋은 식자재를 고르고 다듬는 것에서 시작합니다. 다음은 조리과정과 방법을 알려주는 레시피입니다. 시스템엔지니어링이 바로 요리의 레시피입니다. 이제 시스템엔지니어링에 대해 좀 이해가 되시는지요?

저는 확신합니다. 이 레시피 없이는 4차 산업혁명이라는 고지는 절대 넘을 수 없습니다. 모두들 미국의 첨단산업 발전을 부러워합니다. 10년 전만해도 자동차 산업 등 전통적인 제조 분야가 가라앉아 있던 나라를 말입니다. 어째서 이러한 반전이 그들에게 가능했을까요? 저는 미국의 277개 대학과 226개 대학원에 시스템엔지니어링 학과나 산업공학과 연계된 시스템엔지니어링 학과가 개설[1]되어 있다는 것과도 연관성이 있으리라 생각합니다. 체계적인 사고와 실행을 강조하는 교육이 그들의 재혁신을 돕지 않았을까요?

1) www.bachelorsportal.com, www.mastersportal.com

한편 우리나라의 시스템엔지니어링과 관련된 교육과정이 얼마나 되는지요. 우리나라 학부에는 시스템엔지니어링과 연관된 교육과정이 없습니다. 몇몇 대학원에서 시스템엔지니어링을 가르치고 있을 뿐입니다. 이것이 왜 우리가 국민소득 3만 불 시대에서 앞으로 더 나아가지 못하고 머물러 있는지를 설명하는 주요 원인이라고 한다면 지나친 비약일까요?

시스템엔지니어링은 네 개의 프로세스를 이용해 시스템을 만들기 위한 레시피를 제공합니다. 기술 프로세스, 기술 관리 프로세스, 합의 프로세스, 조직 프로세스, 지원 프로세스입니다. 모두 재료를 고르고, 다듬고, 만드는 과정을 알려줍니다. 이 네 가지 프로세스가 조화를 이룰 때, 최상의 요리가 극상의 맛을 내듯 시스템은 최대의 가치를 우리에게 제공할 것입니다. 다만 이 책에서는 기술 프로세스 중에서도 시스템 설계에 필요한 부분만을 발췌하여 설명하고자 합니다. 제가 생각하기에 현재 우리에게 시급히 채워야 할 곳이 있다면 바로 이 부분이기 때문입니다. 급격히 다가오는 4차 혁명의 시대는 산업화 과정에서 중요시했던 문제의 해법보다는, 문제를 어떻게 잘 정의할 수 있는가가 새로운 물결의 흐름을 제대로 올라탈 수 있는지를 결정하는 핵심 요소가 될 것입니다.

이 책은 4차 산업혁명과 시스템엔지니어링 시리즈의 첫 번째 편으로 기획되었습니다. 우리가 매일 사용하여 가장 친숙한 시스템 중 하나인 자동차와 이제는 물과 공기와 같이 필수재가 된 전기라는 물질이, 가까운 미래인 2040년에는 어떤 형태로 결합하여 우리에게 편리함을 줄 것인가를 얘기하고자 합니다. 그렇다고 해도 이 책의 목적은 시스템엔지니어링을 이용해 문제를 바로 정의하게 돕는 것입니다. 최대한 풀어쓰고 우리말 표기를 위주로 했지만, 책의 가독성이 떨어지고 연결되는 부분이 매끄럽지 않은 것은 저의 글쓰기 역량이 부족하고 지식이나 생각이 깊지 않기 때문일 것입니다. 계속해서 갈고 다듬어 나갈 것을 스스로 다짐해 봅니다.

이 책은 총 4부로 구성되어 있습니다.

1부는 4차 산업혁명 시대의 시스템엔지니어링을 다뤘습니다. 곧 다가올 4차 산업혁명은 우리에게 어떠한 변화를 요구하는지, 파괴적 혁신과 재혁신을 통해 선도자가 되기 위해서는 무엇을 해야 할지, 그리고 언제, 왜 시스템엔지니어링을 해야 하는지에 대한 것입니다.

2부에서는 이 책의 소재인 자동차 마이크로그리드를 얘기합니다. 내연기관차 이후의 미래 자동차는 전기차 또는 수소차 중 하나가 될 것입니다. 이를 이용하여 자립형 전기 생산체계를 구축하고자 하는 것이 바로 자동차 마이크로그리드입니다. 두 차종이 가진 장, 단점은 무엇이고 어떤 차종이 우리에게 최상의 가치를 줄 것인지를 시스템의 관점에서 생각해 봤습니다.

3부에서는 시스템엔지니어링을 통해 자동차 마이크로그리드를 어떻게 설계할 수 있는지를 말하고 있습니다. 특히 기술 개발 관점과 과정을 IEC/ISO/IEEE-15288 표준의 기술 프로세스를 이용하여 설명하고자 했습니다.

4부에서는 우리가 말하는 시스템이라는 것이 어떻게 만들어지고, 구조는 어떻게 되는지를 알아봤습니다. 그리고 이 시스템을 엔지니어링 하는 기술자를 양성하는 공학교육 프로그램에 시스템엔지니어링이 어떻게 적용될 수 있는지, 필자가 학생을 가르치는 KINGS의 예를 들어 설명했습니다.

시스템엔지니어링과 4차 산업혁명을 엮어가는 노력은 계속될 것입니다. 다음 편에서는 시스템 설계를 넘어 점점 관심 분야를 기술 관리, 합의, 조직, 지원 프로세스로 넓혀갈 것입니다. 이제 하나의 시작점이 하얀 종이 위에 찍혔습니다. 점이 선이 되고 선이 면이 되어 시간까지도 초월하는 공간이 될 수 있도록 많은 조언과 발전적인 비판을 부탁드립니다.

2018년 초가을에, 矛田齋에서 정재천

차　　례

1부

4차 산업혁명시대의 시스템엔지니어링

"4차 산업혁명은 시스템 혁명이다."

- 클라우스 슈밥 -

01 4차 산업혁명 시대는 무엇이 달라지는가?

산업혁명 이후 지금까지는 생산성 혹은 효율성의 경쟁 시대였다. 하지만 이제 그런 경쟁 시대는 끝났다. 4차 산업혁명 시대에는 생산성보다 새로운 효과 혹은 새로운 가치를 찾는 게 무엇보다 중요해졌다. 게임의 룰이 완전히 바뀌었고 그 상황에서 살아남으려면 혁명적인 의식개혁이 필요하다. 지금이 그 시점이고 더 이상 시간을 늦춰서는 안 된다.

경제의 본질도 바뀌고 있다. 과거에는 생산성 향상이 핵심이었다. 그것을 통해 부가가치를 확대해왔다. 그러나 이제 경제의 핵심 패러다임은 가치를 높이는 게 아니라 전혀 다른 가치를 창출하는 쪽으로 급격히 바뀌고 있다. 그리고 이 새로운 가치의 창출은 급속히 발전하는 기술과 인간의 창의성이 결합할 때 비로소 이루어진다. 이것이 핵심 경쟁력인 시대가 됐고 그 싸움 과정을 제4차 산업혁명이라고 부르는 듯하다[2]. 기술의 모방과 복제, 개량을 통해 잘 사는 나라를 만든 우리가, 이제는 그간 사용했던 '추적자' 전략에서 벗어나 새로운 것을 창조해 시장을 지배하는 '선진국형 선도자' 전략을 구사해야 할 때가 온 것이다. 이를 통해 새로운 패러다임 전환의 시대에도 지속해서 나라를 발전시킬 수 있을 것이다.

4차 산업혁명의 핵심은 인간의 인지능력을 기계에 이식시키는 것이다. 워낙 복잡한 인간의 뇌 구조를 그대로 모방할 수는 없지만, 인간의 가장 기본적인 능력의 하나인 학습을 통해 발전하는 단계를 기계가 모방한다면 특정 분야에서는 인간을 이길 수도 있는 초월적 능력이 생길 수 있다. 직렬과 병렬의 회로를 가진 컴퓨터의 연산구조는 앨런 튜링이 제안한 "생각하는 기계"를 실현했고 이세돌과의 바둑 대국에서 승리를 거둠으로써 "스스로 학습

2) 청와대-미래부-국회 미래전략 특별좌담회, ZDNet, 7월 20일자에서 발췌

하는 기계"의 엄청난 힘을 생생히 보여줬다. 자동차는 핸들이 없어지고, 인간의 뇌파를 이용하여 뇌에 전극이 부착된 살아있는 쥐를 마음대로 조종하는 단계에 이르렀으니 10년 후에 세상이 어떻게 바뀔 것인지 예측하는 일은 조심스럽기만 하다.

이렇게 불확실성이 너무 큰 4차 산업 시대에도 쉽게 예측할 수 있는 대상이 있으니 바로 전기다. 천연자원을 태워 움직이던 모든 것들이 전기를 이용해 움직인다. 전기자동차가 그렇고 택시를 대신할 드론도 전기로 하늘을 난다. 사람이 없는 무인 공장이 늘어날수록 전기의 사용량도 비례해서 늘어난다. 이세돌을 이긴 알파고를 가동하려면 엄청난 전기가 필요하다. 가상현실을 실감 나게 구현하는 데도 컴퓨터는 많은 전기에너지를 소모한다. 영화 매트릭스 1편의 주인공 "니오"도 가상세계를 구현하는 서버에 전기를 공급하던 생체 발전기에 지나지 않았다. 4차 산업혁명은 전기 없이는 실현 자체가 불가능하다. 미국과 일본을 비롯한 선진국이 새로운 개념의 발전기술을 지속해서 연구하고 있는 이유가 여기에 있다.

어떠한 기술이 모여 2040년을 풍성하게 할 것인가? 인공지능이? 로봇이? 아니면 로봇이 인간을 지배할까? 전기차는 어떠한 형태로 발전할 것인가? 수소차는 또한 어떤 형태로 인간에게 유익을 줄 것인가? 이 모든 예측이 안개 속에 싸여 있다. 가까운 미래인 20년 이후에 일어날 일조차 예측하기 쉽지 않은 것이다. 특히 파괴적 혁신이 일어나는 비즈니스 분야에 대한 예측은 사실상 불가능하다고 할 수 있다.

물론 시스템엔지니어링 기술을 가지고도 미래에 일어날 파괴적 혁신은 예측할 수 없다. 그러나 우리는 시스템 요소가 모이면 새로운 성질이 발현된다는 것을 알고 있다. 엔진에 바퀴를 달면 자동차가 굴러가고 사람이 그 위에 올라타 먼 거리를 이동할 수 있듯이, 시스템이 가진 '창발성[3]'은 그 요소의 조합과정을 잘 이해하면 예측할 수 있다. 이 조합과정을 이해하고 시스템 개발에 적용하는 것을 우리는 시스템엔지니어링이라고 한다. 시스템의 창발성

---

3) 영어 Emergent Property를 창발성으로 옮겼다.

은, 무한한 자유를 허용하는 과학연구 분야와는 다르다. 특히 우리가 원하는 창발성을 얻기 위해서는 일정한 틀과 형식을 엄격하게 적용하여 더욱 조직화하고 구조화된 해결책을 얻는 것이 필요하다. 물론 이 범위 내에서 최대한의 자유도 아울러 보장해야 한다. 그러면 예측 가능한 창발성이 생겨난다.

알파고가 이세돌을 이겼다고 인공지능이 우리의 시스템에 바로 적용되지는 않을 것이다. 1980년대 잡지를 다시 펼쳐보면, 인공지능 텔레비전 광고, 인공지능 오디오 광고, 심지어 바람의 세기를 인공지능을 이용하여 컨트롤한다는 선풍기 광고가 숱하게 나온다. 어쩌면 오늘날 미디어에서 보게 되는 광고 카피와 똑 같은지 신기하다. 인공지능이 40년 만에 광고에는 부활했지만, 아직 현실 세계에 그 모습을 보이려면 많은 연구가 필요할 것 같다. 정부의 연구개발안에도 4차 산업분야 기술인 인공지능, 3D 프린팅, 가상현실 등이 대부분 들어간다. 그러나 창조경제라는 구호 하에 연구되었던 유사한 내용이 다음 단계로 펼쳐 나아가지 못하고 10년째 제자리걸음만 하는 것 같아 안타깝다. 미성숙 상태의 기술 요소를 가지고 산업을 일으킬 수는 없다. 새로움을 기존의 요소 결합을 통해 얻는다는 '창발성'이야 말로 가장 높은 우선순위로 다루어져야 한다.

자동차를 이용한 마이크로그리드를 만든다고 가정해 보자. 전기차와 수소차가 대상이 될 것이다. 이때 시스템엔지니어가 해야 할 가장 중요한 일은 무엇일까? 먼저 '왜'를 정의해야 한다. 이 '왜'는 문제의 본질을 정의하는 것이다. '왜' 자동차 마이크로그리드를 개발해야 하는지가 첫 번째 질문이고, 자동차 중 '전기차'를 선정할 것인가? '수소차'를 선정할 것인가가 두 번째 질문이다. 이 두 가지 질문을 정의하는 것은 2030년 이후의 자동차 산업과 전력산업, ICT 산업, 자동차 서비스 산업뿐만 아니라 교육 시스템에까지 엄청난 영향을 주는 중대한 문제다. 그러므로 시스템엔지니어링이 해결해야 하는 첫 번째 임무는, 이 '왜'를 잘 정의하는 것이다.

왜 자동차 마이크로그리드인가?

- 왜 1 : 자동차를 이용해 전기의 자급 생태계를 만든다.
- 왜 2 : 자동차 산업과 전기 산업이 공생하는 새로운 산업을 키운다.
- 왜 3 : 국가의 우수한 인적 자원이 4차 산업혁명 시대를 이끌 기회를 제공한다.
- 왜 4 : 연관된 각종 지원 네트워크를 육성하여 에너지 신산업 생태계를 만든다.
- 왜 5 : 자동차/전기 분야의 기술 선도자가 되게 하여 더욱 부강한 대한민국이 되도록 한다.
- 왜 6 : 무공해, 자연친화 에너지 개발로 후손에게 아름다운 강산을 물려준다.

02 따라갈 것인가? 이끌 것인가?

제조업에 있어 선두주자와 후발주자가 추구하는 기술의 트랙은 다르다. 선두주자는 주로 발명을 통해 새로운 기술을 만들고 발명품에 새로운 아이디어를 보태어 기술을 혁신한다. 이 발명과 혁신과정은 아이디어를 검증하기 위한 예비사업이 필요하고 검증된 아이디어를 바탕으로 본 사업을 진행하는 과정을 거친다. 그렇기 때문에 과거와는 전혀 다른 성능이나 경쟁 요소를 지닌 파괴적 혁신이 이루어진다. 제조업에 있어 혁신과정은 막대한 투자가 필요할 뿐만 아니라 실패할 경우 치명적일 수 있다. 왜냐하면 시장에서 성공하지 못하는 기술은 혁신기술로 인정받지 못하기 때문이다.

선발주자와 후발주자가 추구하는 기술의 변천 과정은 다를 수밖에 없다. 선발주자가 발명에서 혁신으로 이동하는 전략을 채택한다면, 후발주자는 복제와 모방을 거쳐 혁신에 이르는 경로를 따르게 된다. 일본의 소니는 혁신기술의 등장에 효율적으로 대처하지 못해 위기에 빠진 대표적 사례로 꼽힌다.

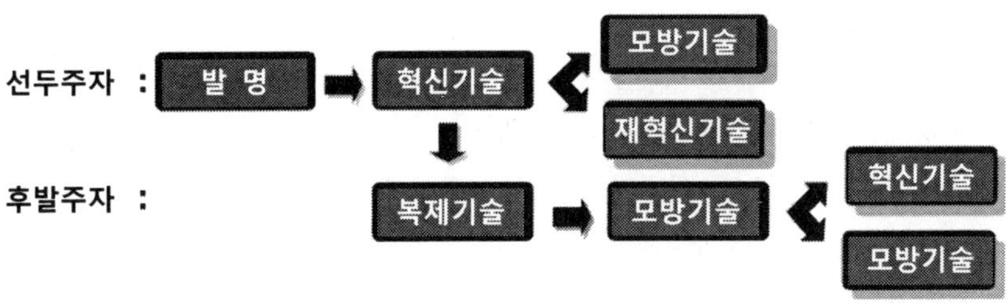

세계 최초로 리튬 이온 전지를 상용화했으면서도 전지를 가볍고 얇게 만드는 혁신에 실패하면서 그 과실이 파나소닉이나 삼성SDI, LG화학과 같은 후발주자의 차지가 되도록 만든 것이다. 디스플레이 시장의 선두 자리를 삼성과 LG에 내주고 있는 것 역시, 경제 분석서에 단골 소재로 등장하는 소니의 대표적 혁신실패 사례다.

4차 산업혁명으로 대표되는 2020년은 이 책을 쓰는 2018년으로부터 2년도 남지 않았다. 이 짧은 시간 동안 우리는 그간 잘 해왔던 후발주자, 추격자의 사고에서 완전히 벗어야 한다. 변화와 혁신을 두려워한다면 무너질 수밖에 없다. 조선이 그렇고, 자동차 산업도 위태롭다. 그간 독점적 지위를 누렸던 한전의 배전 분야 시장은 KT와 포스코에 문을 열었다.[4] 후발주자로 시작했지만, 기술의 혁신과 재혁신을 이룬 애플과 페이스북은 선도자가 되었지만 정작 이 두 회사가 재혁신을 통해 내놓은 기술을 개발했던 우리에게는 무엇이 남았는가?[5] 2인자가 더 이상 살아남을 수 없는 산업혁명의 시대에 우리는 무슨 선택을 할 것인가? 아직도 산업화 시대의 패러다임에 매몰되어 있는 이 시대정신을 누가 깨울 것인가?

"기본으로 돌아가자!" 무슨 사고가 나면 기본에 충실하지 못해 사고가 났다는 분석과 함께 늘 따라 다니는 구호다. 화물칸에 자동차와 철근을 잘 묶지 못해서, 허용 중량 보다 배에 더 많이 실어서, 세월호가 전복했다고 한다. 아까운 젊은이들이 구조를 기다리다 꽃도 피워보지 못하고 저 버렸다. 사고 후 구조를 간절히 바라며 텔레비전을 지켜본 그 시간 이후 우리는 얼마나 바뀌었을까? 배에서 사고가 나면 배만 조사하고 지하철에서 사고가 나면 지하철만 조사하는 임시방편적 대응은 기본에 충실해지자는 이 단순한 구호와 아무런 동조도 이루지 못하고, 우리의 삶을 살얼음판 위로 내몬다. 그렇다면 기본으로는 어떻게 돌아갈 수 있는가? 나는 정해진 과정을 차근차근 밟아가면서 적용이 가능한 방법을 정해진 순서에 따라 활용하면 얻어지

4) 조선일보, 2018. 6. 6일자, "한전이 독점하던 전력중개사업, KT·포스코도 뛰어든다" 기사 참조

5) 페이스북이 출시된 이후 이 기술의 모델인 사이월드는 더 이상 찾는 이가 없어 졌으며, 애플이 히트작 아이팟을 내놓자 MP3 플레이어의 원조 대한민국은 시장 지배권을 상실했다.

는 것으로 생각한다. 이는 단숨에 무언가 획기적인 것을 발명하는 창조성과는 거리가 있다. 기본이 받쳐주지 않으면 새로움은 생겨나지 않는다. 이것이 바로 우리가 바로 지금 시스템엔지니어링에 몰두해야 하는 이유다.

4차 산업혁명을 이뤄낼 수 있는 방편은 시스템엔지니어링에서 시작된다. 시스템엔지니어링은 새로운 시스템을 만드는데 사용하는 수단이고 방편(方便)이기 때문이다. 이 방편은 너무 기본적이어서 누구나 알고 있어야 한다. 그러나 서구에서 기초를 다지고 산업을 일으키는데 사용한 300년의 세월을 50년으로 압축하여 쫓아간 대한민국은 이 기본을 갖출 준비시간이 부족했다. 누구나 4차 산업혁명을 얘기하는 지금, 그간 우리가 미뤄왔던 모든 과정과 방법을 마치 Zip으로 변환된 압축 파일을 풀 듯 다시 풀어가기를 요구한다.

03 시스템엔지니어링을 통해 무엇을 해야 하는가?

지난 5월 11일 광주도시철도공사에서 열린 2018년 춘계 시스템엔지니어링 워크숍에서도 시스템엔지니어링의 적용방안에 대한 많은 제언이 쏟아졌다. 이중, 이 지면을 통해 다시 생각해 보고 싶은 것은, 단기적 현안 해결보다는 문제가 어디에 있는지 Know-Why에 대한 정의부터 차근차근 이뤄가자는 제언이다. 우리는 시스템을 개발하면서 "무엇을 할 것인가?" 보다는 "어떻게 할 것인가"에 관심을 기울여왔다. 물론 세계 최초라는 수식어가 필요하지 않은 지난 산업화 시대에는 이미 존재하는 많은 참고 시스템을 복제하고 모방하여 어렵지 않게 따라갈 수 있었다. 그러나 4차 산업혁명은 인간의 두뇌와 기계가 연결되고, 플랫폼을 먼저 선점하는 자만이 생존하는 세계다. 어설픈 복제나 모방 기술로는 더 이상 살아남을 수 없는 새로운 판이 열린 것이다. 이러한 판의 시대에 우리는 '시스템의 요소를 연결하여 새로운 가치를 창출'할 수 있는 시스템엔지니어링의 중요성에 주목한다. 또한 다양한 전공 분야의 벽을 허물고 서로 협력하여 새로움을 얻는 일에 능숙한 분야가 시스템엔지니어링임을 깨닫는다.

우리는 시스템을 개발하면서 '왜 이 시스템을 개발하는가?'라는 원천적 질문은 해 본 적이 그리 많지 않다. 워크숍에서 만난 많은 도시철도 전문가들이 털어놓은 문제점도 근원을 따져보면 '어떻게'에 중점을 둔 사업과 임무의 정의에서 비롯된 것이었다. 어차피 비슷비슷한 철도 시스템이 도시마다 운행되고 있지 않던가? 그러나 '왜'부터 시작된 시스템과 '어떻게 할 것인가'를 중심으로 구현된 시스템은 그 효과 면에서 큰 차이를 보일 것이다.

다행히 지구상에는 수많은 철도 시스템이 존재하므로 '이미 있는 시스템'을 참조하는 것도 시행착오를 줄일 수 있는 좋은 방법이긴 하다. 그렇더라도

"왜"를 건너뛰어 "어떻게"부터 시작된 시스템 개발은 그 가치와 이해관계자 만족에 있어 큰 차이를 보인다. 아직 부산에서 광주로 가는 고속열차가 없어 자주 버스를 이용하는 나는 광주 유스퀘어 고속버스터미널에 내릴 때마다 왜 지하철이 이 터미널과 연결되지 않는지 의아했다. 그 답은 인터넷에서 찾을 수 있었다. '광주 도시철도 1호선 문제점'을 키워드로 검색엔진을 돌리면 여러 편의 분석 자료들을 얻을 수 있다. 공통적인 지적 사항으로는, 도시계획과의 부조화, 시내버스와의 경쟁력, 그리고 도시철도에 대한 인식 부재[6] 같은 문제점이었다. 모두 '왜 광주에 지하철을 건설해야 하는가?'를 생각했다면 답을 찾을 수 있었던 문제였다. 역세권으로 대표되는 지하철 노선은 모든 사람의 이해가 충돌하는 아주 미묘한 사안이다. 그러나 적어도 '왜'를 먼저 생각했다면 많은 문제가 정의되고 해결되지 않았을까 생각해 본다.

피터 드러커의 말로, 유명해진 "리더는 바른 일을 하고, 관리자는 일을 바르게 처리한다.[7]"는 왜 시스템엔지니어가 시스템 개발의 리더가 되어야 하는지를 잘 설명해 준다. 도시철도 분야에서 경험한 사례를 좀 더 살펴보자. 첫 번째 시스템엔지니어링과 감리를 종종 혼동한다는 문제다. 시스템엔지니어링의 업무를 명확히 정의하지 못함으로 인해 시스템엔지니어링의 업무를, 품질관리를 위주로 하는 감리업무와 혼동하고, 발주자 측에서는 업무중복과 비용중복을 피하고자 시험 운전 단계에만 시스템엔지니어링을 적용한다. 요구가 없으면 검증할 대상도 없어진다. 요구사항 정의에 참여하지 않은 시스템엔지니어가 어떻게 시험 운전 단계에서 발생하는 문제를 파악하고 해결할 수 있겠는가? 결국 시스템은 애초 사업과 임무 단계에서 정의한 요구사항대로 완료되지 못하고 실패의 위험도는 점점 높아진다. 문제를 정의하는 단계에는 참여하지도 못하는 시스템엔지니어를, 해결책을 내놓지 못한다고 질책하고, 시스템 개발의 위험도가 높아지면 또다시 시스템엔지니어링의 무용론이 나오는 악순환이 계속된다.

---

6) 광주 도시철도 1호선/문제점, 나무위키에서 주제어 발췌
7) Peter Drucker, Management is doing things right, Leadership is doing the right thing

발주자의 심부름꾼, 문제 발생 시 책임 전가의 대상이 되는 수박 겉핥기식의 시스템엔지니어링이 되는 것도 문제다. 국방 분야와 철도 분야 시스템엔지니어링 종사자는 대부분 요건 분석 도구를 이용한 추적성 분석을 하거나 특수공학 분야인 RAM[8] 분석에 주로 투입된다. 시스템 개발을 이끄는 리더십을 발휘할 기회조차 주어지지 않는다. 그나마 이 두 분야는 시스템엔지니어링 발주가 공식화되지 않은 원자력 분야보다는 사정이 낫다. 원자력발전소 건설단계에 이러한 업무는 주로 기술관리 업무에 포함된다. 가동 중인 원자력발전소의 경우 형상관리라는 이름으로 이러한 업무가 포괄되기도 한다.

흔히 시스템엔지니어링을 오케스트라에 비유한다. 그러므로 시스템엔지니어는 오케스트라의 지휘자 역할을 해야 한다. 연주장소의 소리 울림을 고려하여 악기들을 배치하고, 관악기와 현악기, 타악기의 수를 어떻게 배분해야 소리가 가장 조화로울 것인가를 생각하는 이가 지휘자다. 또한 곡의 속도와 해석 역시 오롯이 지휘자의 몫이다. 이러한 지휘자의 역할을 시스템엔지니어의 역할에 투영해 보면, 창조에 가장 근접한 활동이 아닐까 하는 생각이 든다. 시스템의 물리적 형태뿐만 아니라 그 시스템이 갖게 되는 사회, 문화적 요소까지도 고려하여야 하고, 인간의 생각으로부터 형태가 있는 물리적 시스템으로 만드는 것을 지원하기 때문이다.

---

8) 시스템을 분석하고 평가하는 신뢰도(Reliability), 가용도(Availability), 정비성(Maintainability)의 머릿글자 모음이다.

04 왜 시스템엔지니어링을 해야 하는가?

학교에서 시스템엔지니어링을 가르치다 보면 많은 도전을 받는다. 왜 시스템엔지니어링을 해야 하는가에 대한 근본적인 이해가 구성원들에게 공유되지 않아서다. 미국 대학과 달리 한국에서 시스템엔지니어링이 하나의 학과로 개설되는 경우가 매우 희귀한 것은 구성원들과 가치와 효과를 공유하는 데 실패한 원인이 크다. 규격화된 인재를 양성하던 2차 산업시대의 교육에는 시스템엔지니어링이 확산될 여지가 매우 적었다.

전공 분야를 나누고 더욱 전문화된 인재를 양성하는 교육환경에서 학문 간의 경계를 없애 전체론적[9] 관점에서 시스템의 엔지니어링적 속성을 강조하는 시스템엔지니어링은, 시스템 개발자에게도, 설계와 엔지니어링을 담당하는 분야에도 다가서기가 어려웠다. 특히 이미 프로젝트 관리와 품질관리, 감리를 법적으로 수행하는 현장에서 이를 지원하여 시너지를 얻고자 하는 시스템엔지니어링의 효과는 돋보이기보다는 묻히기가 쉬웠고, 새로운 영역을 개척하는 입장에서 기존 엔지니어링 분야와의 차별성을 부각하기도 쉽지 않았다.

이것이 네일 아트를 가르치는 대학은 늘어나도, 시스템엔지니어링을 전공으로 채택한 학부는 거의 찾아볼 수 없는 이유다. 그렇다면 시스템엔지니어링은 무용한가? 전혀 그렇지 않다. 오바마가 대통령이던 시절, 의료 개혁을 추진하는 과정에서 작성된 제안서를 한번 살펴보자. 오바마 행정부 때 작성된 의료복지 증진정책 보고서는 시스템엔지니어링 워킹그룹이 과기분야 대통

9) Holism 이라고 한다. 한 기관(생물, 화학, 사회, 경제, 정신, 언어 등)이 그것의 구성 요소들을 통해 설명될 수 없다고 하는 사상이다. 즉, 부분이 기관 전체의 동작을 결정하는 것이 아니라 기관 전체가 부분의 동작을 결정한다는 생각으로서, 환원주의에 대비되는 개념이다. 위키백과 참조

령 자문위원회 위원들과 공동으로 작성한 것이다.[10] 미국에는 시스템엔지니어링 차관보가 선임되어 있다.

> 도널드 트럼프 대통령이 원래의 제도로 돌려놓는 것에 서명해서 다시 논란에 휩싸인 미국의 의료보장 제도인 오바마 케어는 시스템엔지니어링을 사회시스템에 적용한 대표적 예다. 시스템엔지니어링 워킹그룹을 구성하여 과기분야 대통령 자문위원회 위원들과 공동으로 의료복지 증진정책 보고서를 작성하였기 때문이다. 2014년 5월 미국 오바마 대통령에게 제출된, 낮은 비용으로 더 나은 의료를 국민들에게 제공하기 위한 이 보고서는, 시스템엔지니어링이 공학 분야가 아닌 의료분야에도 잘 활용될 수 있음을 보여준다. 이 보고서의 요약본은 특히 무엇이 문제인지가 먼저 정의되어 있다. 미국의 예산 지출의 5번째를 차지할 만큼 많은 예산이 소요되지만 정작 더 나은 의료나 건강증진에는 기여하지 못했다고 지적한다.
>
> 문제의 정의 후에는 시스템엔지니어링이 의료복지에 적용할 경우 어떠한 혜택을 얻을 수 있는지를 기술하고 있다. 세 번째는, 새로운 의료시스템의 방법론과 도구 적용을 극대화하는 데 어떠한 제약사항이 있는지를 식별하고 있다. 이러한 내용을 바탕으로 PCAST (과기분야 대통령 자문위원회)가 내놓은 접근법이 소개되고 있으니 읽어보시기 바란다.
>
> 요약문은 다음과 같은 내용으로 끝난다. "이러한 전략과 시스템적 도구와 방법론은 의료복지의 가치를 높이고 미국인의 건강을 증진하는 데 중요한 역할을 할 것이다."

10) 미국 President's Council of Advisors on Science and Technology, REPORT TO THE PRESIDENT- BETTER HEALTH CARE AND LOWER COSTS: ACCELERATING IMPROVEMENT THROUGH SYSTEMS ENGINEERING, 2014년 5월

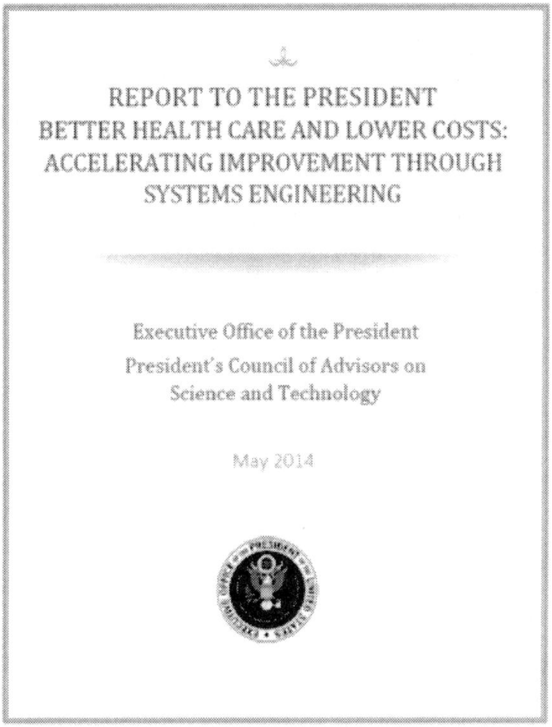
REPORT TO THE PRESIDENT
BETTER HEALTH CARE AND LOWER COSTS:
ACCELERATING IMPROVEMENT THROUGH
SYSTEMS ENGINEERING

Executive Office of the President
President's Council of Advisors on
Science and Technology

May 2014

미국이 2차 산업의 쇠퇴를 이기고 왜 세계적인 리더십을 유지해 나가는지를 알고 싶다면 그들의 사고 속에 있는 시스템엔지니어링을 생각해 봐야 한다. 시스템의 단위가 커지고 복잡해질수록 전공의 벽을 터 모든 사안을 수명주기 관점에서 바라보고, 모든 이해관계자가 만족할 수 있는 시스템을 구축하는 것이 필요하다는 것을 동의하지 않는 사람은 없을 것이다. "공공의 가치는 개인의 가치에 우선 한다."는 사고로는 복잡하고 다양성이 존재하며, 거대해진 사업과 임무를 달성할 수 없다. 사회가 더욱 고도화할수록 개개인의 감성을 만족하는 것이 더욱 중요해질 것이고, 심지어 인문사회적, 문화적 관점과도 통섭할 줄 알아야 효과적으로 사업과 임무를 달성할 수 있을 것이다.

물론 하나의 사업과 임무가 모든 사람을 행복하게 하지 못할 수는 있다. 그러나 이에 관계가 될 수밖에 없는 사람들을 고려하지 않는다면 어떤 사업이든 결코 성공할 수 없을 것이다. 시스템을 종합적인 사고를 통해 여러 분야 이해관계자의 필요와 기대에 부응시키면서 시스템의 수명주기 동안 최상의 효과를 얻고자 하는 엔지니어가 많은 조직과, 단절된 전공지식으로 특정 수명주기 동안의 효과에 주목하는 엔지니어가 많은 조직이 낼 수 있는 가치는 다를 것이다. 물론 2차 제조업 중심의 산업 환경을 계속 유지한다면 시스템엔지니어링이 크게 부각되지 않을지도 모른다. 그러나 3차 서비스 산업을 지나, 4차 산업혁명을 강조하는 현시점에서 이를 뒷받침할 수 있는 엔지니어링적 과정과 방법론은 시스템적 접근만이 유일하다. 모든 지식체계를 모으고, 관통하며, 체계적으로 다루지 않고는 물리적 사물과 사이버적 사물이 만나고, 인지능력을 모방한 기계가 인간의 노동을 대체하는 이 시대를 이끌 수 없다.

다양한 전공 분야를 관통하여 체계적인 과정과 종합적인 방법을 통해 시스템을 개발하고 운용하여 최대의 가치를 창출하는 것, 그것이 바로 시스템엔지니어링의 주목표기 때문이다. 물론 환경과 인간의 복지를 증진하는 효과는 기본이다.

05 언제 시스템엔지니어링을 하는가?

자동차 마이크로그리드와 같은 새로운 시스템을 개발할 때 언제 전체 비용이 결정되는지, 설계변경은 언제 시행하는 것이 비용을 최소화할 수 있는지를 보여주는 참고할 만한 그림이 있다. 개념설계 단계를 지나면 약 70% 이상의 프로젝트 비용이 결정되므로 이 단계를 지나게 되면 설계 변경에 큰 비용이 필요해진다. 그렇지만 현실적으로는 상세설계가 진행되지 않으면 보조기기와 같은 기자재 구매도 진행하기 어렵다는 점이 문제다.

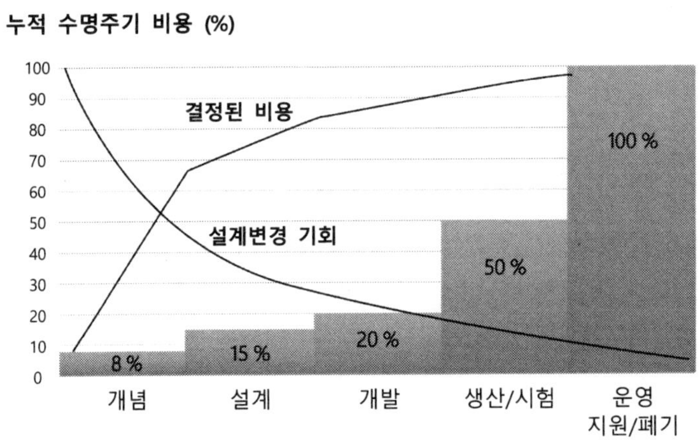

11)

11) INCOSE 시스템엔지니어링 핸드북, 시스템 수명주기 프로세스 및 활동 지침서 4판의 그림 2.4를 수정하여 다시 그렸음.

원자력발전소를 지을 때 항상 문제가 되는 점도 바로 상세설계 이후에 따라오는 설계변경이다. 정확하지는 않으나 원전 한 호기를 짓는데 약 만 건 정도 설계변경을 하는 것으로 알려져 있다. 현재는 약 70% 정도 주요 설계를 확정 짓고 착공을 하는데, 약 90% 정도 설계를 완성한 후에 착공하고자 계획하고 있으나 쉽지 않다. 공기업의 특성상 기자재 구매 단계를 공개경쟁에 의존해야 하므로 착공 이전에 상세설계를 모두 완성한다는 것 자체가 어렵다. 기자재의 크기와 무게 등의 정보 없이는 상세설계에 착수할 수 없기 때문이다.

시스템엔지니어링 핸드북을 비롯한 많은 자료는 설계 변경이 일어나는 가장 바람직한 시기가 개념설계 단계라고 말한다. 변경에 따른 비용과 일정 영향을 최소로 줄일 수 있는 단계가 개념단계이기 때문이다. 시스템엔지니어링이 기존의 엔지니어링과 다른 점은 개념설계를 차근차근 진행하는 방법과 그에 따른 과정을 알려준다는 데 있다.

선진국의 등만 바라보며 뒤따라 뛰기만 잘하면 되었던 산업 구조가, 선두주자가 되지 않으면 생존 자체를 보장할 수 없는 새로운 구도로 바뀐 이 절체절명의 시기에 가장 중요한 것은 개념설계에 더욱 집중하는 일이다. 개념설계가 완성되면 상세설계 이후 단계는 그간 축적된 대한민국 산업의 역량으로 충분히 실현 가능하다. 그러므로 개념설계를 포함한 초기 단계 시스템설계를, 정확하고도 체계적으로 추진하는 방법을 배우는 것이야말로 모든 산업 분야가 가장 먼저 해야 할 일이라고 생각한다.

06 전문공학 교육을 바꾸는 시스템엔지니어링

시스템엔지니어링을 가장 잘 적용할 수 있는 분야는 바로 교육이다. 학문으로서의 시스템엔지니어링은 참 정의하기가 어렵다. 시스템엔지니어링의 학문 영역에 공학지식이 재료로 활용되고 인문사회 분야까지도 통섭하고 있으므로 전기, 기계, 화공 등 공학의 한 분야로 딱 떨어지는 전공 분야와 비교하면 정체성이 낮을 수밖에 없다. 그러나 시스템엔지니어링을 학문이라 생각하지 말고, 학생이라는 미완의 큰 그릇의 형태를 완성하는 기법이요 수단이라고 생각하면 이보다 더 유용할 수가 없겠다는 생각이 든다.

필자가 학생들을 가르치는 한전국제원자력대학원대학교[12]에는 전 세계 28개국에서 모여든 학생들이 있다. 약 300명 정도의 학생은 이미 석사학위를 받고 자국으로 돌아가 원자력 또는 에너지 분야에서 일하고 있고, 100명 남짓의 학생이 남아 공부를 하고 있다.

나는 학생들을 지도하면서 깜짝깜짝 놀랄 때가 많다. 적지 않은 수의 학생들이 아직 원자력을 접해보지 못했으며 심지어 원자로에 대해 자세히 들어본 적도 없는 상태에서 첫 수업을 맞는다. 그런데 시스템엔지니어링을 기반으로 한 2년간의 학업을 이수한 후에는 국내 한전그룹사에서 5년 이상 근무한 엔지니어 못지않은 역량을 보여준다. 몇몇 특출한 학생의 경우가 아니고 대부분의 학생이 그렇다. 나는 이것이 시스템엔지니어링의 효과라고 확신한다.

12) 영문으로 KINGS(KEPCO International Nuclear Graduate School)라 한다.

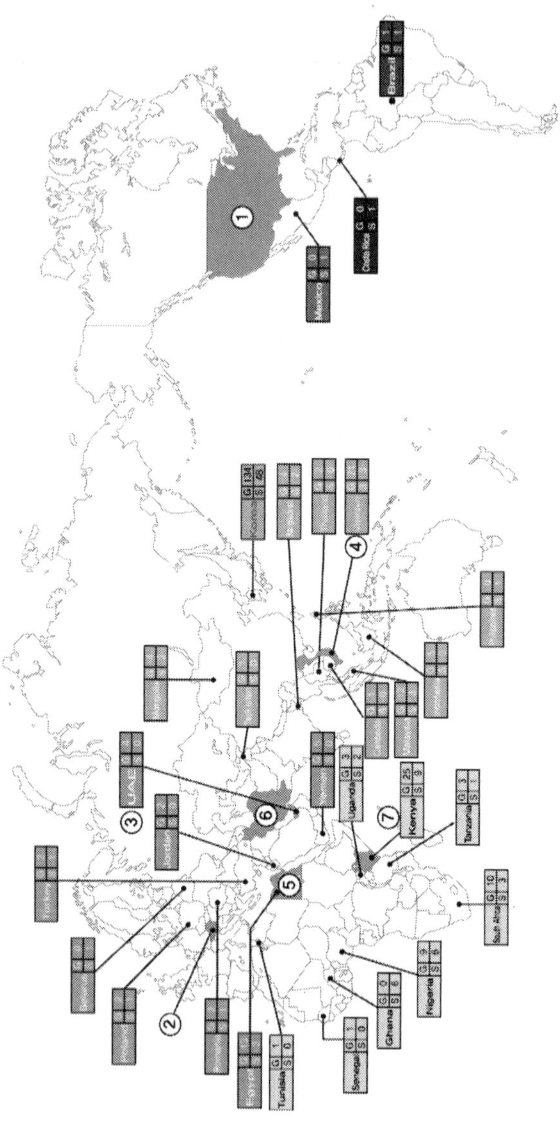

13)

13) 그림에서 G는 국적별 졸업생 수, S는 재학생 수이다. 원형 번호는 KINGS와 특별 협정을 맺은 국가를 나타낸다. 현재 7개 국과 포괄적 인력개발 협정을 맺고 있다.

노자는 그릇의 외관을 보지 말고 내면을 보라고 가르친다.[14] 이를 교육에 대입시켜 보면, 외관은 지식을 담을 수 있는 틀로, 내면은 그릇에 담겨있는 지식과 기술이 된다. 흙으로 그릇을 빚는 도예가가 그릇의 형태를 좌우한다면 무엇이든 수용할 수 있는 백지상태로 입학한 학생들을 무엇이든 할 수 있는 역량 있는 엔지니어로 만드는 것은 시스템엔지니어링이다. 이를 통해 학생 하나하나에 지식과 기술, 경험까지도 담아낼 수 있는 개별 맞춤형의 큰 그릇을 만들어주는 것이다.

그릇을 빚는다고 해서 모두가 예술작품이 되는 것은 아니다. 좀 찌그러진 것, 위아래의 비례가 맞지 않는 것 등 아직은 완성되지 않은 것이 많을 것이다. 그러나 이 그릇과는 달리 학생들이 목표를 향해 달려가게 하는 KINGS의 교육체계는 진화라는 속성을 가지고 있다. 형태 역시 더욱 세련되고 시간이 갈수록 아름다워진다. 나는 십 대의 오드리 헵번[15]의 사진보다, 유니세프 광고에 나오는 주름이 쪼글쪼글한 60대 할머니가 된 그녀의 얼굴에 눈길이 더 간다. 그녀가 어린 아프리카 아기를 안고 미소 짓는 사진을 보면서, 나이도 비켜 가는 내면의 아름다움을 보는 것이다. 50~60대가 되어서도 주름 하나 없이 탱글탱글한 얼굴로 텔레비전에 출연하는 왕년의 스타들을 보면서, 자연스럽게 주름진 노년의 오드리 헵번이 떠오르는 것은 그녀가 살아온 세월의 깊이와 인류애를 실천하는 내면의 아름다움이 느껴지기 때문일 것이다.

시스템엔지니어를 육성하는 교육은 틀을 완성하는 것에서 시작한다. 이 틀은 언제나 나무보다 숲을 먼저 보고, 해결책보다 문제를 먼저 생각하는 능력과 습관을 키워주고자 한다. 시스템엔지니어링을 우리말로 번역하면 (사실

---

14) 노자의 도덕경(道德經) 제 11장에는 無之以爲用이란 글귀가 나온다. 주석가인 왕필은 이를, "텅 빔은 풍성히 담는데 쓸 수 있음을 말한다. 여기서 텅 빔은 그릇이 빈 것과 같은 상태를 말한다."고 해석했다.

15) Adrey Hapburn, 미국의 영화배우, '티파니에서 아침을', '로마의 휴일'등에 출연해 많은 인기를 누렸다. 이후 유니세프의 국제친선대사가 되어 "어린이를 돕는 것은 희생이 아닙니다. 선물입니다."라며 에티오피아, 소말리아 등, 소외받고 어려운 어린이들이 있는 곳을 찾아다니며 생이 다할 때 까지 봉사했다. 아름다운 삶이란 어떠한 것인지를 내게 알려준 그리운 이다.

국방 분야에서 많이 쓰이는 우리말 용어다) 체계 공학이다. 체계적으로 공학을 하는 것이다. 체계가 무엇인가? 과정이요 방법과 단계고 틀이다.

그렇다면 교육을 받고 있는 학생들에게 어떠한 과정을 가르치고, 방법을 활용하게 하고, 어떻게 형식화된 틀을 갖도록 할 것인가? 그것은 '왜'를 올바로 정의할 수 있게 하고, '무엇을 해야 하는가'를 알게 하며, '어떻게' 문제를 풀어나갈 것인지를 표준화된 틀에 의해 수행하도록 습관화하는 것이다. 절대로 문제보다 해결책이 선행되지 않게 하고, '왜'를 정의하면서 나무의 가지보다는 숲을 바라볼 수 있도록 하며, 눈앞에 닥친 문제의 해결도 중요하지만, 해결책이 사용되고 폐기되는 단계까지도 꼼꼼히 따져서 모든 이해관계자가 만족할 수 있도록 하는 것이 중요하다는 것을 반복적으로 학습시키는 것이다.

이 교육은 지금까지 해왔던, 선생은 문제를 내고 학생은 그 문제를 푸는 역할의 고정관념을 깨는 것이고, 모든 이해관계자가 만족할 수 있도록 모든 학문 분야와 통섭하라는 것이다. 시스템엔지니어링에서 강조하는 것이 과정과 단계이듯이 교육에서 같은 과정과 단계를 반복적으로 강조하면 교육의 틀이 형성된다. 틀이 형성된 이후, 학생은 자신의 틀에 지식과 기술뿐만 아니라 경험까지도 빼곡히 채워간다. 이 틀에 어떠한 것을 담아내느냐는 것은 학생의 몫이다. 분명한 것은 한번 형성된 틀은 깨지지 않을 것이고 그 틀이 항아리라면 물과 술, 때로는 향수까지도 담아낼 수 있을 것이다.

07 영화 '파운더'에서 만난 시스템엔지니어링

영화 "파운더"에는 맥도널드 형제의 이야기가 나온다. 한물간 영업사원 레이클록이 맥도널드 형제를 만나 세계적인 프랜차이즈를 만들게 된다는 영화의 줄거리 중 가장 인상적이었던 것은 바로 맥도널드 형제가 30초 이내에 햄버거를 생산하는, 시스템을 개발하는 과정이다. 이 시스템을 완성하기 전, 맥도널드 형제가 테니스코트에 분필로 선을 그어가면서 가장 효율적인 공정을 시뮬레이션하는 모습은 그들이 바로 시스템엔지니어임을 웅변하고 있다. 동생 맥도널드가 테니스코트 가장자리에 세운 사다리에 올라 긴 막대를 휘두르면서 햄버거 생산과정과 순서를 지시하고 "머스타드"라고 외치는 장면은 잘 완성된 시스템이 미학적으로도 얼마나 우아할 수 있는지를 보여준다. 영화16)에서도 이 장면이 발레와 같았다고 회고하지 않던가.

16) 영화 파운더, '스피디 시스템' 개발 장면, http://www.cine21.com/news/view/?mag_id=87034 시네 21에서 사진 인용

나도 4분 남짓한 이 비디오 클립을 열 번 이상 보았고, 학생들에게 시스템의 특징과 속성, 특성을 이해하는 데 활용하도록 과제를 내 준 적이 있다. 기존 드라이브인 레스토랑의 서빙 방식이, 주문하고 십 여분을 기다려 음식을 받고 차에서 먹는 기존의 시스템을 유지하고 있을 때, 주문이 끝나자마자 햄버거를 제공하는 새로운 시대의 시스템은 가히 혁명이었다. 레이클록이 반한 것은 그들의 햄버거 맛이 다른 레스토랑의 것보다 엄청나게 뛰어나서는 아니었다. 레이가 매료된 것은 바로 패스트푸드의 생산과 제공이라는 새로운 시스템이었다.

西生浦口[17]에서 : 문화의 힘은 어디에서 나오는가?

덴젤 워싱턴이 주연을 한 영화 "Great Debaters"라는 영화를 비디오로 보았다. 미국 남부 텍사스 지방의 흑인 대학인 와일리 대학팀이 하버드 대학(실제는 남부 캘리포니아대라고 한다.)팀을 꺾고 토론대회에서 우승하는 이야기다. 흑인 차별이 심했던 1935년 남부에서는 빌리 할러데이의 '이상한 과일'이란 노래에도 나오는, 흑인이 나무에 목 매달린 채 불태워지는 일이 실제로 벌어지고 있었다. 영화는 흑인의 인권을 얘기했고, 시민 불복종과 자아실현이라는 현실의 문제를 찬반 토론을 통해 풀어내었다.

나는 영화를 보는 내내 이러한 영화가 만들어질 수 있는 문화적 분위기를 생각했다. 그리고 조선의 과거제도에 대해 생각했다. 20세가 되기도 전인 젊은이들에게, 나라의 통치 철학을 물었고, 우주의 운항과 정치제도의 잘잘못을 성현의 글과 철학의 바탕 위에서 논하도록 요구했던 조선 과거시험의 논제와 영화의 제목이기도 한 '대토론'의 주제는 일면 닮아 있었기 때문이다. 이미 600년 전에 조선에서 다뤘던 거대 토론이 80년 전 미국에서도 행해지고 있었다는 것이 신기하기도 했고 이러한 토론의 장이 닫힌 현실에 가슴이 답답하기도 했다.

영화를 보는 내내 나는 영화 속 지도교수의 역할에 대해서도 집중했다. 그는 대토론의 촉진자이고, 때로는 방향을 제공하고, 때로는 짧은 원고도 제공했다. 학생들의 사고의 폭과 깊이가 아직 성숙에 이르지는 않았을 거라는 전제를 바탕으로 한 교육법이었다. 영화의 마지막은 텍사스 흑인 대학인 '와일리'가 미국 최고 명문이자, 대토론 대회의 전국 승자인 '하버드대학'과 겨루는 장면이다. 학생들의 지도교수이자 흑인의 사회운동을 주도하던 토슨 교수(덴젤 워싱턴 분)가 시위를 선동했다는 죄목으로 구속되고, 텍사스를 벗어나지

---

17) 울산 울주군의 면(面)인 서생면 포구에 필자의 학교 KINGS(한전국제원자력대학원대학교)가 있다. 조선조 초부터 수군방어의 요충지였고, 임진왜란 때에는 가토기요마사(加籐清正)가 이 지역에 왜성을 짓고 농성하기도 했으며, 사명대사와 평화교섭을 했던 시련과 극복의 역사가 있는 땅이기도 하다.

않는다는 조건으로 보석으로 풀려난다. 이제 최강자와의 대토론은 오롯이 학생들의 몫. 이에 대한 경험이 없었던 와일리의 세 학생은 혼란에 빠진다.

토론에서 다뤄지는 주제가 결코 가볍지 않은 이 영화는 실화를 바탕으로 했기에 더욱 설득력이 있었고, 한 시간 반의 상영 시간 내내 나를 몰입하게 했다. 물론 영화는 와일리 대학이 이기는 해피엔딩으로 끝나고, 자막에는 이후 와일리 대학은 10년간 무적이었다는 설명이 나온다. 한 사람의 교수가 교육을 바꾸는 내용도 좋았지만, 이러한 영화가 유명배우에 의해 감독이 되는 할리우드의 분위기가 더욱 좋았다.

근래에 로버트 레드포드, 클린트 이스트우드와 같은 명배우들이 직접 메가폰을 잡고 작품성 높은 영화를 감독, 제작하는 경향이 늘고 있다. 이에 덴젤 워싱턴도 가세하여 흑인문제를 제대로 다룬 영화 한 편을 선사했다. 텔레비전을 켜면 온통 먹거리와 맛집 관련 방송뿐이고, 젊은이들이 시끌벅적하게 잡담하는 장면이 주로 나오는 요즈음 우리 방송을 보면서 우리나라의 문화 수준은 얼마나 건전한가를 생각해 보게 된다. 이 영화에서 다루는 토론의 주제는 결코 생소하지 않다. 고등학교 수준 정도의 내용이 이해하기 쉽도록 버무려졌을 뿐이다. 그런데도 잔잔한 감동과 몰입을 가져오게 하는 힘은 그들이 토론을 준비하고, 팀 내부에서 일어나는 갈등과 다양한 이견을 조율해 나가는 과정에서 나온다.

건전한 미국 사회를 이끌어가는 엘리트 문화의 힘이 어디에 있는가를 설명하는 참고서와 같고 지난 세대들의 지적 유희의 현장에 있는 것 같아 반갑기도 한 영화다. 정치인들의 목청이 점점 높아지는 대통령 선거 시절에, 우리도 이러한 토론을 주제로 한 영화를 만들어 보면 어떨까? 아니 우리도 대학생들의 대토론 대회를 한번 시작해 보면 어떻겠는가? 대학생이라면 이처럼 어지러운 사회를 바꿀 수 있는 지식과 통찰력과 열정이 있지 않겠는가? 600년 전 우리의 선조들이 남겼던 과거시험 답안이 그랬듯 말이다.

2017년 봄에 쓰다

2부

자동차가 여는 마이크로그리드

변화하지 않아도 된다. 꼭 살아남아야 할 필요가 없다면 말이다.”

- W. 에드워드 데밍 -

08 자동차 마이크로그리드를 해야 할 세 가지 이유

2018년의 이 시점에 굳이 자동차가 여는 마이크로그리드를 왜 생각해 봐야 할까? 무엇이 현재의 자동차 산업과 전력 산업을 변화하게 할 것이며, 어떠한 파괴적 혁신의 물결이 자동차 산업과 전력산업에 몰아칠까? “변화하지 않아도 된다. 꼭 살아남아야 할 필요가 없다면 말이다.[18)]”라고 데밍은 우리에게 말한다. 어쩌면 파괴적 혁신의 소용돌이는 이미 우리에게 다가오고 있는지도 모른다. 동일본 대지진시 쓰나미의 물결은 급작스럽게 후쿠시마 일대를 덮쳤다. 예고 사이렌이 미처 울리기도 전에, 사람들이 높은 지대로 대피하기도 전에 쓰나미는 사람을 집어삼키고, 마을을 휩쓸었다. 사람들은 후쿠시마 언덕 중턱에서 조상들이 후손들에게 이 밑으로는 집을 짓지 말라고 경고한 쓰나미 최대높이 표식을 발견했지만 이미 마을은 황폐해진 후의 일이었다.

그렇다. 쓰나미와 같이 몰려오는 4차 산업혁명의 물결은 파괴적인 혁신을 요구한다. 이 물결에는 오직 두 부류만이 존재한다. 물결을 사전에 포착해 혁신하는 자와 쓰나미와 함께 휩쓸려 사라지는 자다. 그렇다면 자동차 산업과 전력산업에는 어떤 물결이 몰아칠 것인가? 인터넷 공간에서 얻을 수 있는 정보를 바탕으로 어떤 물결이 다가오고 있는지 살펴보자.

---

18) W. 에드워드 데밍, PDCA 라는 데밍사이클로 유명한 일본식 경영과 품질관리의 그루다.

■ 자동차 산업에 몰아치는 물결

무엇이	어떻게
종래의 하드웨어 중심에서 소프트웨어 중심의 산업으로 바뀐다.	자동차 생산 비용의 60% 이상이 소프트웨어에 소요된다
중앙 생산체제에서 분산 생산체제로 바뀐다.	현대차와 같은 단일회사가 생산하던 제품이 배터리, ICT(정보통신 및 컴퓨터), 통신 네트워크 회사와의 협업을 통한 분산 생산체계로 바뀐다.
산업의 경쟁력이 제품 자체 보다는 외부 인터페이스와의 협업을 통해 얻어진다.	종래에 강조되던 자동차의 내외관 설계, 엔진의 우수성 등의 강점이 사라지고, 배터리 교환 서비스 (전기차), 충전설비 (수소차), 교통관제 시스템 등의 외부 시스템과의 협업이 편리하고도 안전하게 이뤄질 수 있는지에 의해 경쟁력이 결정된다.

■ 전력 산업에 몰아치는 물결

무엇이	어떻게
전기의 독점 공급체계가 무너지고 경쟁체계가 된다.	송전망 관리와 변전소 운영을 제외한, 발전 분야와 배전 분야의 사업자 참여가 가능해진다. KT와 포스코가 배전 사업에 참여 중이고, LNG 발전은 이미 민간 사업주도 체제로 바뀌었다.
종래의 중앙 배전 시스템이 분산 독립 배전망 중심으로 바뀐다.	마이크로그리드는 아파트 단지와 같은 소규모의 자립형 독립 배전망이 된다.

종래의 하드웨어 중심 산업에서 소프트웨어 연계 산업[19]으로 바뀐다.	발전, 송전, 변전, 배전 중심의 전기 중심 사업에서, 배전망 제어나 보안과 같은 ICT와 통신 네트워크 중심의 산업이 된다.

이미 이 예측은 현실로 다가오고 있다. 도로에는 많은 전기차가 다니고, 새로운 수소차가 출시되어 새로 자동차를 사려는 사람들에게 행복한 고민을 안겨주고 있다. 아직은 충전 인프라도 부족하고, 정비 서비스망도 활성화되어 있지 않다. 운행 중에 배터리가 방전되어 견인차를 불렀다는 기사도 심심치 않게 나온다. 얼리 어답터(조기 사용자)가 치러야 할 비용이다.

나는 자동차 디자인에 대해 궁금한 점이 많다. 왜 전기차나 수소차의 디자인과 운전방식이 내연기관 차량과 같을까? 마치 초기 내연기관 자동차의 모양이 마차에서 말을 뺀 모습을 했던 것과 유사한 변천 과정일까? 마차에서 자동차로 변화한 파괴적 혁신에서 우리는 무엇을 배울 수 있을까? 분명한 것은 자동차는 더 이상 '탈 것' 만으로는 존재할 수 없을 것 같다.

한전의 사업 분야도 마찬가지다. 공기업의 특성상 경쟁보다는 산업발전을 목표로 해야 하고 혁신보다는 개선에 중점을 두긴 하겠지만, 원자력발전소가 조기에 문을 닫고, 신규 LNG 발전이 민간 주도로 이뤄지며, 배전망 사업에 민간이 참여하는 이 파괴적 혁신의 징조를 포착하지 못한다면, 전력산업은 150년을 버티기 힘들 것이다. 지금의 추세라면 2040년 이내에 송배전망 관리를 제외한 모든 분야가 민영화, 무한 경쟁체제로 바뀔 것이고 한전의 기존 전력산업은 몇 갈래로 찢기어 형태조차 가늠하기 어려워질 것이다. 하드웨어 중심에서 소프트웨어 산업으로 바뀔 것이 틀림없는 전력산업은 어떻게 해야 살아남을까?

나는 이 답을 공생에서 찾는다. 전기와 자동차를 접목하면 답이 나온다. 한강 변에는 이미 수소차를 중심으로 한 '수소 전기 하우스'도 시범 운영되

19) 주로 정보통신서비스에 의한 산업이다. ICT 산업이라고도 한다.

었다.[20] 정부가 10여 년을 투자해 기반 기술도 충분히 마련한 스마트그리드/마이크로그리드 기술도 자동차와 접목을 할 수 있다. 국민 대다수가 아파트 단지에 살고 있고 그 생활이 일상화된 21세기 대한민국은 마이크로그리드와 자동차를 묶는 에너지신산업 적용의 최적지다. 이것이 자동차 마이크로그리드를 해야 하는 첫 번째 이유다.

자동차 마이크로그리드를 해야 할 두 번째 이유는 고등학교 졸업생의 80%가 대학에 진학하는 우리나라의 고등교육열이다. 고학력 대학 졸업생들은 4차 산업요소기술의 흡수가 매우 빠르다. 아울러 새로운 기술 트렌드에 대한 거부감도 없다. 전화기보다는 스마트폰에 익숙하고, 하드웨어보다는 소프트웨어와 만나는 것을 친숙하게 생각하는 새로운 세대에게 새로움이란 일상과 같은 편안한 것이다. 이들에게 있어 자동차와 마이크로그리드를 묶어 새로운 산업을 창출하는 것은 어쩌면 게임같이 즐거운 놀이가 될 수도 있다.

세 번째 이유는 새로운 먹거리의 창출이다. 이미 변화의 물결이 몰아치고 있는 자동차와 전력산업에 변화의 동력이 남아 있는가? 현대차가 ‘800만대의 저주’에 갇혔다는 기사도 심심치 않게 나온다. 사실 저주라기보다 ‘포화의 공식’이 적용되었다는 것이 더 맞는 표현일 것 같다. 800만대의 차를 만들어 판다는 것은 대단한 사업 성과다. 그러나 성장의 곡선이 포화(飽和)로 바뀌고 정체된다는 신호는 무언가 새로운 것을 찾을 때라는 또 하나의 신호로 볼 수 있다고 생각해 본다.

두 산업에 불어오는 신호를 기반으로 신산업을 생각해 보는 것은 미래의 일이 아닌 오늘부터 당장 시작해야 할 숙제다.

---

20) 뒤늦게 한강변에 설치한 에너지 하우스를 찾으려 했으나 3개월간의 시범설치를 끝으로 철거한 후였다.

09 2040년 트렌드를 예측한다.

나는 트렌드 예측을 자동차 마이크로그리드라는 파괴적 혁신의 관점에서 바라보고자 한다. 이 예측에서 중요한 것은 시점이다. 2040년 정도라면 현재의 추세를 선으로 외삽(外插[21])해 경향 분석이 가능하지 않을까? 그리하여 나는 현재에서 변화의 힌트를 얻어 트렌드의 분석이 가능한 가까운 미래[22], 2040년을 기준으로 이 예측을 시도해 보기로 했다.

미래의 자동차 트렌드는 연료전지로 발전하는 수소차일까? 배터리로 동력을 얻는 전기차일까? 참 쉽지 않은 예측이다. 인터넷을 검색해 보면 많은 기관들이 2030년까지 전기차가 대세를 이룰 것이라고 말한다. 세미나[23]에서 만난 블룸버그 에너지 파이낸스의 국내 본부장인 알리 이자디 역시 당분간은 전기차가 내연기관 이후의 자동차 시대를 열 것이라는 데 동의했다. 수소차에 집중하던 토요타도 전기차로 전략을 수정했고, 수소차의 선두주자를 자처하던 현대차의 입지도 좁아졌다. 수익이 발생하는 곳에 자동차 업계가 몰리는 트렌드 역시 당분간 수소차의 입지를 약하게 할 것이다. 언론 역시 전기차 산업을 육성해야 한다고 주장하다가도, 수소차 기술은 왜 사장하느냐고 정부와 자동차 업체를 질책한다.

전기차와 수소차가 공존할 수 없다는 것도 전문가들의 공통적인 견해다. 몇 개 되지 않는 충전 인프라의 수소차와 배터리 의존성이 너무나 큰 전기차는 서로 다른 약점이 있다. LG와 삼성으로 대표되는 우리나라는 배터리

---

21) 외삽법 (Extrapolation)은 이전의 경험에 비추어, 기존 데이터 영역 밖에 있는 경우를 예측해 보는 기법이다

22) 이 책에서는 1998년도부터 2018년 현재까지 일어났던 기술의 발전 트렌드를 기준으로 20년 정도 후에 일어나게 될 일을 외삽법을 이용하여 예측해 본다.

23) 2018년 6월 5일 전력거래소가 주관한 "제 4차 산업혁명과 디지털 에너지관리 세미나"

제조 강국이다. 그러나 원료가 되는 희토류를 전량 수입에 의존하는 우리에게 사업 안정성에 대한 리스크는 해결해야 할 숙명적 과제다. 세계 1위를 굳건히 지키는 파나소닉/테슬라 진영과 가격 경쟁력을 최대의 무기로 하는 중국의 배터리 산업 도약도 역시 우리에게 힘든 경쟁을 강요하고 있다.

나는 여기서 전기차와 수소차 진영 모두를 최대한 공정한 눈으로 바라보고자 한다. 두 개의 시나리오를 마련해 각 기술의 장단점을 살펴보면서 좀 더 나은 시나리오의 손을 들어줄 예정이다.

수소차는 잠시 미뤄두고 먼저 전기차에 집중해 보자.

10 전기차가 여는 미래

배터리를 장착한 전기차가 어느 정도 성장세를 이어갈까? 블룸버그는 2030년에 약 3천만 대 수준으로 늘어날 것으로 전망하고 있다. 2017년 전 세계 판매량은 110만대 수준이었다. 2040년이 되면 전 세계 승용차 시장의 55%를 전기차가 차지한다는 전망도 나온다.[24] 문제는 배터리의 원료인 희토류 금속이다. 중국은 코발트를 비롯한 희토류 원료 물질을 자체 생산하고 있어, 코발트와 리튬을 수입해야 하는 한국이나 일본보다 배터리 생산에 유리하다. 이미 시작된 세계 각국의 치열한 자원전쟁과 가나와 같은 희토류 금속 생산국의 어지러운 정치 상황, 그리고 코발트 광산에서 노동을 강요당하는 아동에 대한 사회적 문제까지 배터리를 둘러싼 리스크는 결코 낮지 않다. 그럼에도 불구하고 어느 시점까지 전기차는 꾸준히 늘어갈 것이다. 특히 태양광과 풍력 등의 신재생 에너지가 늘어갈수록 부하 조절을 위한 에너지 저장 장치용 배터리 수요도 같이 증가할 것이다. 결국 배터리 사용이 늘어갈수록 희토류를 포함한 원료확보의 리스크는 커지고, 중국 등과의 가격 경쟁으로 인한 단가 저하의 또 다른 리스크도 생긴다. 산업의 예측이 단선적일 수 없는 이유다. 그럼에도 불구하고 전기차가 2040년까지 대세가 된다는 예측을 믿고 그림을 그려보자. 전기차가 그려내는 파스텔 색조의 세상을 펼쳐보는 것이다.

---

24) BANEF, 2018년 전기차량 전망, https://about.bnef.com/electric-vehicle-outlook/

지어낸 이야기 1. 전기차 배터리 교체 서비스 사업

대전에 사는 '똑똑해'씨의 이달 전기요금은 -5,000원 이다. 아파트 주차장에 세워놓은 자동차에서 한전으로 공급한 전력이 실제 자동차 운행에 사용한 배터리 충전 비용보다 5,000원 낮았기 때문이다. 가족과 해운대 해변을 거닐었던 지난달에는 100,000원을 지불했다. 500 km짜리 배터리를 임대해 사용했기 때문이다. 부산에서 대전으로 돌아오는 도중에 김천 분기점을 지나던 중 배터리 충전이 필요하다는 메시지와 가까운 교환소 정보가 네비게이터에 나타났다. 교환소에서는 대기 시간을 포함해 총 3분이 배터리 교환에 소모되었다.

배터리는 운행 거리에 따라 대부분 자동차 하부에 부착 위치가 정해져 있다. 자동차의 무게중심을 고려한 설계 때문이다. 또한 표준화 설계로 인해 탈부착도 간단하다. 배터리를 지지하는 고리를 누르면 배터리를 잡고 있는 스프링이 제쳐 지면서 자동으로 배터리가 툭 하고 분리된다. 충전된 배터리를 스프링 장치에 모터로 밀어 넣으면 찰칵하고 고리가 걸리는 소리가 난다. 교환이 끝난 후 자동차의 네비게이터에는 배터리 코드가 자동으로 입력되고 교환 장소, 가능한 운행 거리 등의 정보가 뜬다. '똑똑해'씨가 할 일은 네비게이터의 확인 버튼을 누르는 것뿐이다.

'똑똑해'씨 뿐만 아니라 대부분 사람들이, 공유 차를 이용하고 배터리는 운행에 필요한 거리만큼만 빌려서 사용한다. 배터리는 더 이상 용량으로 계산하지 않는다. 50 km 단위로 500 km까지, 거리 단위로 빌려준다. 기존의 주유소는 배터리 교환 영업소로 변환되었다. 자동차

방전도 걱정할 필요가 없다. 부가 수수료를 내면 필요한 곳 까지 배터리를 배달도 한다. 짜장면 한 그릇도 배달하는 배달의 민족에게 배터리 배달은 당연한 사업영역이다. 전기자동차는 출고 시 50 km짜리 배터리만 기본으로 달려 나온다. 이 정도 용량이면 아파트 주차장 벽에 설치된 220 V 충전기에 꽂기만 하면 하룻밤 사이에 충전이 완료된다. 배터리 사용 비용도 현장 결재가 필요 없다. 스마트폰 사용내역서가 날아오듯 매달 정해진 날짜에 은행 계좌에서 정산된다.

현재도 자동차 공유는 일상화되어 있다. 기차표를 예매할 때 인터넷으로 공유 차를 같이 예매하는 것은 드문 일이 아니다. 자동차가 에너지 저장장치가 되는 시기에도 사람들은 물론 자동차를 구매할 것이다. 차량을 구매하는 것이 소비행위만은 아니기 때문이다. 그러나 어떠한 경우에도 편리하게 공유 차량을 이용할 수 있으므로 1가구 2차량 소유 가구는 더 이상 찾아보기 힘들 것이며 아파트 주차장에는 1가구당 한 대 이하의 차량만이 주차되어 있을 것이다.

필요할 때 사용하고 정차해 있을 때는 전력회사에 전기를 판매한다는 프로슈머25)의 개념도 중요하다. 다음은 전기차 배터리가 대규모 에너지 저장장치가 되는 시나리오다.

---

25) 아놀드 토인비가 "제 3의 물결"에서 처음 사용했다. 어원은 마셜 맥루언과 베링턴 네빗의 "전기 기술의 발달로 소비자가 생산자가 될 수 있다"에서 나왔다. 생산소비자 또는 참여형 소비자라고 부른다. (위키피디아 참조)

지어낸 이야기 2. 에너지 저장장치 플랫폼인 전기 자동차

새로운 플랫폼 사업은 제일 먼저 서울에서 시작되었다. 전체 시민의 절반 이상이 아파트에 거주하는 서울은 이 사업을 시행하기에 최적의 조건을 갖췄다. 각 아파트 단지의 주차장은 주차는 물론, 에너지저장장치로 바뀌었다. 1,000세대가 넘는 아파트에는 마이크로그리드 설비와 충전장치가 무상으로 지하 주차장에 설치되었다. 물론 한전에서 설치한 것이다. 아파트 관리실에 달린 양방향 전기 계량기에는 한전에 보낸 전기와 아파트에서 사용된 전기량이 기록된다. 마이크로그리드의 부속설비인 스마트 전력중계기는 자동차를 한전 전기를 이용해 충전할 것인가? 아니면 방전해 마이크로그리드에 공급할 것인가를 결정한다. 이 제어는 블록체인 기반의 전력선 통신망[26]에 의해 이뤄진다. 전력거래소의 슈퍼컴퓨터는 전기 구매와 판매요금을 자동 거래 프로그램을 통해 계산하여 이동 통신망을 통해 각 아파트 단지에 실시간으로 전송한다. 이 정보를 토대로 스마트 전력중계기는 한전의 전기를 사용하는 것이 유리한지 주차장에 설치된 자동차로부터 아파트 각 세대에 전기를 공급하는 것이 유리한지를 결정하고, 자동차에 지령을 내린다.

만일 이 시나리오가 현실이 되고, 2030년에 이르러 전기차가 전체 자동차 시장의 1/3을 차지한다면, 정유사, 주유소 사업은 치명적이 될 것이다. 내연기관은 환경에 나쁘다는 인식이 널리 퍼져있으므로 아무리 청정 내연기관을

26) 전력선 통신망은 주로 배전망을 통신 네트워크로 이용하는 기술이다. 음성과 데이터를 전송하는 양방향 통신망이며 전선을 이용한 유선통신이므로 사이버 보안의 강점이 있으나 상용화를 위한 추가적인 연구개발이 필요하다. (전력연구원 기술용어해설 자료 참조)

개발한다 해도 미래가 밝아 보이진 않는다. 그렇다면 전기차와 내연기관 자동차를 생산하는 회사의 미래는 어떤가? 테슬라를 보면 기존의 자동차 회사의 미래도 그리 밝아 보이진 않는다. 스마트폰이 기존의 전화회사가 아닌 개인용 컴퓨터를 만들던 애플에서 나왔듯 전기차 역시 내연기관 자동차를 만들어 본 적도 없는 테슬라[27]가 선도자가 되었다. 가히 플랫폼의 선점이 비즈니스의 모든 것을 말하고 있다. 누가 기술력이 있는가가 아니라 누가 파괴적 혁신을 이루는가에 미래의 성패가 달렸다.

그렇다면 이러한 패러다임[28]의 변화시대에 대한민국 전기차 산업은 어떤 길을 택해야 할까? 많은 사람이 예측하듯 초연결[29]된 마이크로그리드로서의 전기차 생태계를 만드는 것이 미래의 리스크를 줄일 수 있는 좋은 방법일 것 같다.

가. 초연결된 전기차, 마이크로그리드와 만나다.

더 이상 자동차는 기존의 자동차 회사가 만드는 제품이 아니다. 현대차가 커넥티드[30]Connected 개념을 내세워 뭔가 자동차의 기능상 변화를 추구하지만 파괴적 혁신 없이는 이 개념도 그리 성공적이지 않을 것이다. 배터리의 미래는 어떠한가? 현재도 그렇고 미래도 그렇듯, 배터리 기술은 밀도와 속도에 좌우된다, 하나의 셀에 얼마만큼의 에너지를 저장할 수 있느냐와 얼마나

27) 니콜라 테슬라는 가장 별난 사람, 가장 직관이 뛰어난 사람, 가장 위대한 모험가로 이름이 높다. 에디슨과의 사업화 경쟁에서는 패배했지만 전자기학 이론을 정립하여 지금 우리가 사용하고 있는 교류를 있게 한 인물이다. 일론 머스크가 새로운 전기차를 생산하면서 그의 이름을 상표명으로 한 것은 존경심 때문이었을 것이다. 일종의 오마쥬라고나 할까?

28) 패러다임은 토머스 쿤이 "과학혁명의 구조"에서 처음으로 제안했다. 한 시대의 사회 전체가 공유하는 이론이나 방법, 문제의식 등의 체계를 뜻한다.

29) 초연결은 물리적 사물과 사물이 연결되는 것이다. 데이터가 연결되고, 개개의 역량이 연결되며 생산되는 가치까지 연결된다. 연결의 중심에 사물인터넷, 데이터 네트워크, 블록체인과 같은 4차 산업혁명 요소기술들이 쓰인다. (매일경제 2017. 4. 3일자 참조)

30) Connected : 일반적인 자동차에 정보통신기술(ICT)을 융합해 언제 어디서든 네트워크에 연결될 수 있는 자동차를 지칭, (중앙일보, 틴틴 경제, 2017. 11. 17일자 참조)

빨리 하나의 셀을 충전할 수 있느냐가 관건이다. 또한 배터리를 생산하는 기술이 다양하므로 시장이 활성화되면, 대규모 자본 투자가 가능한 자본가의 참여가 적극적으로 이뤄져 마켓의 주도권을 한두 회사가 가지지는 못할 것이다.

다음의 질문에 주목해 보자.

- 만일 전력회사와 자동차 회사, 배터리 회사가 힘을 합해 플랫폼을 형성한다면?
- 그리고 이 비즈니스 모델을 전 세계로 확산한다면?

아마도 이 회사가 주는 혜택에서 자유로운 인류는 없을 것이다. 독점과 주도가 가능한 블루오션이 펼쳐지지 않을까? 이와 같은 가정하에 전기차가 마이크로그리드와 통합된다는 다음과 같은 비즈니스를 생각해 보자.

지어낸 이야기 3 : 마이크로그리드로 통합된 전기차 비즈니스

- 비즈니스 목표 : 새로운 운송시스템을 만들어 시장을 주도하고 이익을 창출
- 시스템 : 전기차, 아파트단지 마이크로그리드
- 지원 시스템[31] : 단지 지하주차장의 자동차 충방전 인프라, 한전 배전망(전력 거래), 배전망을 이용한 전력통신망, 단지별 마이크로그리드 제어장치, 블록체인 기반의 스마트 전력중계기

31) Enabling System을 지원 시스템으로 번역하였다.

이러한 사업을 위해서는 한전, 전기차 제조사, 아파트단지는 디지털 네트워크로 연결되어 있어야 한다. 또한 모든 시스템은 실시간으로 제어 및 감시가 가능해야 한다. 초연결은 전기차 마이크로그리드의 핵심이다. 서로 다른 사업 부분들을 연결할 때는 각자의 강점을 통합하여 어떠한 시너지를 낼 것인지를 고려해야 한다.

자동차회사는 자동차를 설계하고 제조하여 판매하며, 또한 시험과 정비 서비스를 제공하는 일관된 가치사슬을 가지고 있다. 한전은 대형 발전설비와 송배전을 가능하게 하는 전력망뿐만 아니라, 송전선에 설치된 광통신망을 제공할 수 있고, 아파트 단지 내에서 무상으로 사용 가능한 전력선 통신 기술과 가치사슬을 지니고 있다. 또한 배터리 회사는 경제적으로 배터리 생산이 가능하고 판매 서비스 역시 제공할 수 있다. 따라서 이러한 공급사슬을 통합하면 전기차 마이크로그리드라는 새로운 플랫폼이 만들어진다. 즉, 탈 것으로서의 전기차만이 아닌 새로운 생태 시스템으로서의 자동차가 새로 나타나는 것이다. 물론 공급사슬을 가능하게 하는 4차 산업혁명 요소기술을 가진 많은 업체와 공생할 수 있는 것도 이 기술의 특징이다.

만일 이 시나리오가 가능하다면 태양광과 풍력이 지닌 기술적 한계를 극복하는 데 도움이 된다. 날씨와 바람에 의해 발전량이 변화하는 태양광과 풍력발전은 전력이 남을 때 저장하고 모자랄 때 꺼내 쓸 수 있는 배터리를 이용한 에너지 저장장치나 양수발전과 같은 친환경적인 설비가 필수다. 전기차 마이크로그리드는 21세기 대한민국의 라이프 스타일과 딱 맞아떨어지는 새로운 비즈니스다.

위에서 다룬 내용을 기반으로 다음과 같은 이야기도 가능할 것 같다.

지어낸 이야기 4 : 전력, 전기차, 배터리 사가 새로운 회사를 만들다.

한전은 오늘부로 현대차와 삼성 SDI 및 LG 화학과 함께 'Wise Power'를 발족한다고 공식 발표했다. 새로운 회사는 전기자동차의 배터리 임대 및 충전 사업과 함께 전력선 통신망을 이용한 데이터 전송률 100%를 보장하는 아파트 단지 전력선 통신 사업도 병행하게 된다. 새로운 회사에서의 지분은 참가 회사별로 창출 가치를 산정하여 분할된다. 한전은 본 사업을 통해 향후 5년간 10만 개의 새로운 일자리 창출과 150조의 사업유발 효과가 있을 것으로 전망했다.

마이크로그리드는 지역화된 전력망으로 수용가와 풍력, 태양광 등의 분산 에너지 자원을 연결한 것이다. 기본적으로 마이크로그리드는 전체 전력계통과 독립적으로 동작하여 전력의 자급이 가능토록 하며, 필요에 따라 계통과 연계되어 동작할 수도 있는 가변성도 있다.

미국 에너지국은 마이크로그리드 소유자에 따른 소유 모델을 다음과 같이 정의한다.[32]

- 전력공급자 모델 : 배전망을 소유한 조직으로 마이크로그리드를 통해 소비자가 전력을 공급하거나 사용하도록 하는 형태
- 임대주 모델 : 마이크로 그리드를 소유한 임대주가 전력이나 열에너지 등을 공급하는 모델.

32) LG CNS Blog에서 재인용

- 협업 모델 : 여러 개인이나 회사가 모여 마이크로그리드를 구성하고 관리하며 구성된 마이크로그리드로부터 전력을 공급받는 형태
- 고객 발전 모델 : 개인이나 단일 회사가 마이크로그리드를 소유하고 관리하며 소유와 소유자의 이웃들에게 전력을 공급하는 형태
- 지역 난방모델 : 독립된 회사가 마이크로그리드를 소유하고 관리하며, 여러 고객에게 전력이나 열 등을 판매하는 형태

많은 사람들이 한전은 전력망 운용자로만 생각한다. 그러나 한전은 국내 최대의 통신망을 가진 사업자 중 하나다. 모든 송전선에는 광통신망이 설치되어 있으며, 전국을 연결하는 마이크로웨이브 통신설비도 국내 최고 수준이다. 지금은 약간 시들해졌지만 2000년대 초반까지 전력선 통신망을 개발하여 상용화를 시도한 적도 있을 만큼 전력통신 분야에 대한 관심도 매우 높다.

한전은 공기업의 특성상 새로운 사업을 개척하는 데 도전적이지 않다. 전력 분야는 송배전, 발전 분야의 메가 플랫폼을 가지고 있어 지난 100년간 발전하고 성장했다. 그러나 개인이 전력의 생산자가 되는 시대가 오면 송전과 배전이라는 이 플랫폼의 주도권은 저절로 분할되어 대부분 없어질 것이다. 배터리에 전력을 저장했다가 전력 수요가 최대가 되고, 전기료가 가장 비싼 시점에 판매하는 배터리 저장기술은 미국에서 400조의 비즈니스가 될 것이란 전망이 나온다. 또한 이 전기차 마이크로그리드 플랫폼 산업이 활성화되면 전력 소비 패턴은 급격하게 변화될 것이다. 필자의 전망으로는 2030년이 되면 전력회사, 자동차 회사, 배터리 회사가 협업하지 않고, 현재처럼 독자적으로 생존하기는 불가능할 것 같다. 자 그렇다면 전기차 마이크로그리드가 가진 한계는 무엇이고, 어떻게 극복해야 할 것인가?

나. 전기차 마이크로그리드가 극복해야 할 과제

10 kW짜리 배터리를 가진 100만대의 전기차를 동시에 충전한다고 가정해 보자. 표준원전과 같이 100만kW 전기를 생산할 수 있는 발전소 10기가 필요하다는 얘기가 나온다. 전력거래소에서 발표한 2018년 6월 6일 14시 35분 현재의 실시간 정보를 보면 전력 공급능력은 표준원전 기준[33] 82기 정도밖에 되지 않는다. 이 시간 기준, 실제 전기 사용량은 표준원전 64기 정도로 공급할 수 있는 수준이다.[34] 다들 가장 싼 전기를 이용하여 전기차를 충전하고자 한다면 분 단위, 초 단위로 전력거래를 하는 기술이 필요하다. 또 다른 기술적 한계는 배터리 충전시간을 단축하는데 걸리는 시간이다. 만일 충전을 짧은 시간 이내에 끝낼 수 있는 기술이 개발되지 않는다면 전기차 충전에 필요한 전기 사용량이 특정 시간 대역에 몰릴 것이고 이는 대규모의 예비율을 확보해야 하는 문제를 새로 만들 것이다. 그러나 지난 100년간 연축전지[35]가 발전해온 트렌드를 참조해 보면, 2040년이 되어도 충전 시간을 획기적으로 줄이는 방안이 나올 것 같지는 않다.

물론 위에서 설명한 것과 같이 배터리 생산을 무한히 늘릴 수 없다는 문제점도 있다. 갤럭시 노트 7의 배터리는 보호막을 감싸는 층에서 문제가 생겨 발화되었다. 삼성의 대책을 보면 모든 과정에 8단계의 안전성 검사를 도입한다는 내용이 있다. 이는 원가의 상승과 함께 생산시간을 늘릴 것이고, 배터리 용량을 최적화하는 데 한계로 작용할 것이다.

4차 산업혁명 시대를 맞아 자동화된 공장은 동력이 많이 소요되는 생산설비를 밤에 가동할 것이다. 문제는 이 시간대가 전기차 배터리를 충전하는 시간대와 겹친다는 것이다. 아무리 사물인터넷[36]과 머신러닝[37] 기반의 디지털

---

33) OPR-1000, Optimized Power Reactor로 1000 MW의 설비용량을 갖는다.

34) www.epsis.kpx.or.kr

35) 납산화물을 이용한 축전지. 비싼 희토류를 사용하지 않으므로 싼 가격에 대량생산할 수 있으나 대용량 배터리를 생산하기 위해서는 용적과 무게가 많이 나가는 단점이 있다.

36) IoT :Internet of Things는 사물에 센서와 통신기능을 내장하여 인터넷에 연결하는 기술을 말한다.

37) Machine Learning은 컴퓨터가 경험 데이터를 바탕으로 학습을 거듭해 인간의 인지능력과 유사한 체계를 갖도록 하는 것이다. 알파고가 대표적 예이다.

에너지 관리시스템을 갖추어 초 단위로 전력수요를 예측하고 관리한다고 해도, 주간에 운행하고 야간에 충전하는 사이클을 반복하는 전기차 전력수요를, 수요관리 알고리즘만으로 해결하기는 역부족일 것이다.

결국 전기차 마이크로그리드는 전기차가 가진 한계를 극복해야 에너지 저장장치로서 활용이 가능하다. 신재생에너지와 천연가스, 석탄, 원자력 등의 전력 공급원을 잘 관리하고 균형과 공생을 꾀하는 것이 4차 산업혁명 요소 기술을 개발하여 최적의 전기차 마이크로그리드를 관리하는 것 못지않게 중요한 사안이 될 것이다.

또 하나의 한계는 배터리의 수명이다. 생산과정에서 다량의 유해 중금속과 이산화탄소가 배출되고 폐기 시에는 오염물질을 다량 배출하니 대량 생산 시에는 큰 문제가 될 것 같다. 리튬과 같은 희토류 원소가 사용되는 배터리의 특성상 이러한 원소는 국가 간 갈등의 원인을 제공할 것이다. 우리는 중국과 일본의 사례를 통해 희귀 원소를 자급하지 못하는 경제가 얼마나 취약할 수 있는지 경험했다. 센카쿠 열도의 분쟁이 생기자 중국은 희토류 금속 17종의 대일 수출을 막았고 이를 견디지 못한 일본은 백기를 들고 말았다.

자원이 무기가 된 사례는 이뿐만이 아니다. 비행선을 띄워 유럽과 미국을 연결하고자 했던 그라프 채펠린은 독일에 헬륨 금수 조치를 내린 미국으로 인해 수소를 사용하는 것으로 계획을 변경했지만 힌덴브루크호는 처녀비행에서 대형 폭발 사고를 일으켜 승객 대부분이 사망하는 비극을 초래했다. 또 하나의 사례 역시 2차 세계대전 중 나치 독일이 겪은 크롬과의 전쟁이다. 병기 생산에 필수적인 크롬 수급이 연합국과 이에 협조하는 국가로 인해 원활하지 못하게 되자 독일 병기의 품질과 성능이 떨어질 수밖에 없었고 이는 패전의 한 요인이 되었다. 이렇듯 핵심 자원을 대외에 의존하는 국가 경제는 취약성이 높을 수밖에 없다. 필자가 배터리로 움직이는 자동차가 궁극적인 목표가 될 수 없다고 보는 이유는 아직 우리나라에서 나지 않는 리튬과 같은 희귀 원소를 대체할만한 기술이 없다는 것과 함께 배터리 생산과정에서 많은 이산화탄소가 나오고 이를 폐기하는 과정에서 오염물질이 생성된다는 데에 있다.

다. 플랫폼으로서의 전기 자동차

전기자동차를 움직이기 위해서는 무엇이 필요할까? 물론 전기 충전시설이 필요하다. 전기충전설비는 전기자동차 운용을 가능하게 하는 복합시스템 중 하나다. 다음 그림을 보자.

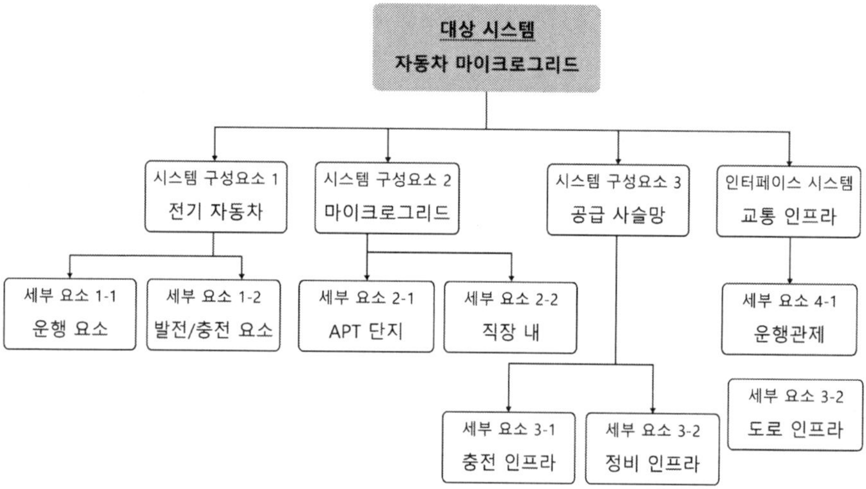

- 전기자동차 : 전기가 필요한 피크 때에 급전을 담당하는 피크 부하 조절 장치로 사용된다.
- 마이크로 그리드 : 아파트 단지나 직장에 주차된 자동차의 배터리를 연결하면 중형 ESS(에너지 저장장치38))가 된다. 이를 이용하여 충전된 전기를 전력거래소를 통해 판매한다. 물론 자동차 충전도 할 수 있다.
- 공급 사슬망 : 언제나 제한 없이 빠른 시간 내에 배터리 충전과 정비가 가능하다.

38) Energy Storage System : 태양광이나 풍력과 같은 불연속성이 있는 발전 방식을 보완하기 위해 배터리와 같은 전기저장장치를 사용하여 안정적으로 전기 공급이 가능하도록 한다.

- 교통 인프라 :기존의 네비게이터 시스템뿐만 아니라 전기차 운영에 필요한 모든 정보를 양방향으로 제공한다. 전기자동차는 기존 도로에서 달릴 수 있다.

상기의 필요 시스템 중 도로 인프라와 운행 관제 부분은 이미 잘 갖춰진 시설을 이용한다고 가정하자. 그렇다면 전기자동차 산업과 배터리 산업, 그리고 전력산업을 연결하여 초대형 사회 망인 전기자동차 플랫폼이 완성된다. 자동차 타이어도 임대해 쓰는 시대다. 자동차 자체를 공유할 수도 있고, 자동차는 소유하지만 비싸고 관리가 어려운 배터리는 임대해 사용하고 월 단위로 사용료를 정산하는 체제가 완비되면 전기차는 더욱 빠르게 확산될 수 있을 것이다.

기존의 주유소 인프라를 살펴보자. 전기자동차로 인해 가장 타격을 입는 사업이 바로 주유소다. 정유 분야는 휘발유와 경유의 자동차 사용량이 줄어도 기존의 산업에 공급하는 부분이 크므로 사업을 유지해 나갈 수 있을 것으로 보인다. 문제는 직접 타격이 예상되는 주유소다. 주유소는 폐업 시에도 환경복원을 위한 큰 비용이 든다. 기름으로 오염된 흙을 모두 제거해야 하는 책임은 주유소 업주에게 있다. 그러니 이 사업은 쉽게 접을 수도 없다. 모든 주유소를 자동차 배터리 교환소로 업종을 전환한다면 문제는 간단해진다. 3분 이내에 교환이 가능한 거리별 배터리를 보유한 네트워크가 전국에 설치된다면 전기자동차의 충전 문제는 자동으로 해결된다. 마치 지금의 주유 사업자나 LPG 사업자와 같이 운영되는 것이다. 완전히 방전된 차량도 걱정할 필요가 없다. 약간의 보험료만 지불하면 긴급출동해 50 km짜리 배터리로 교환해 주는 보험 상품도 출시될 것이다.

이 사업을 운영하기 위해서는 많은 초기 투자가 필요하다. 또한 각 이해관계자의 사업에 대한 계산 방식이 다르면 성공이 쉽지 않다. 간단한 휴대폰 충전기조차도 애플이 다르고 삼성이 다르다. 애플도 구형과 신형의 연결 부분이 또 달라졌다. 관건은 민간 표준을 통해 모든 인프라를 통일하는 것이다. 또 다른 문제는 배터리가 중량의 문제를 야기한다는 점이다. 용량별로 무게가 다르니 차량 설계부터 표준화가 진행되지 않으면 사업의 성공을 보장할 수 없다. 그래서 플랫폼으로서의 접근이 필요해진다. 전력을 공급하는 마이크로그리드 역시 자동차와의 호환은 절대적이다. 커넥터가 그렇고 용량이 그렇다. 배터리 교환은 간편해야 한다. 렌치를 돌려 일일이 배선을 제거하고 다시 연결해서는 3분의 시간 안에 교환할 수 없다. 그저 버튼만 누르면 배터리가 제거되고 유압모터에 의해 새로운 배터리가 장착되도록 하는 장치의 표준도 필요하다.

이상과 같이 배터리를 이용한 자동차 마이크로그리드 미래를 예측해 보았다. 자 그렇다면 수소차의 미래는 어떠한가? 전기차와 수소차가 공통으로 안고 있는 문제점이나 이미 설명한 이득은 제외하고 수소차를 이용함에 따른 장단점을 중심으로 알아보자.

11 수소차가 여는 미래

제러미 리프킨이 쓴 '수소경제'라는 저서를 다시 읽어본다. 그의 혜안이 눈부시다. 2040년의 대한민국에서 수소는 반도체, IT, 철강, 자동차, 조선을 잇는 강력한 주종산업이 될 것 같다는 생각도 든다. 그러나 어떻게 해야 수소경제를 이루고 세계를 제패할 수 있을까? 수소를 동력으로 하는 우리나라의 자동차 기술은 최고 수준이다. 전국 곳곳에 LPG 충전소가 있으니 조금만 손보면 충전 인프라도 큰 문제는 아니다. 문제는 가장 근본적인 곳에 있다. 누가, 어떻게 수소를 생산할 것인가이다. 수소는 화석연료를 분해하는 과정에서 생성된다. 철강의 원재료인 코크스 생산과정에서도 부생가스 중 하나로 수소를 얻을 수 있다. 리프킨은 저서에서, 수소의 사용량이 늘어나면 생산기술이 발달하고 이는 생산단가 저하를 촉발시켜 규모의 경제가 이뤄진다고 했다. 특히 물을 전기 분해하여 수소를 얻는다는 가정은 기술적으로는 문제가 없어 보인다. 그러나 경제적인 측면에서도 이러한 가정이 들어맞을까?

전기는 다양한 과정을 통해 생산된다. 석탄이나 석유, 천연가스와 같은 에너지를 태워서도 얻을 수 있고, 태양이나 바람에 의해서도 얻는다. 우리는 이를 신재생에너지라고 부른다. 좀 더 획기적 계획으로는 구름이 없는 성층권에 태양전지판을 설치하자는 것도 있다. 물론 물결의 출렁거림을 전기로 바꿀 수도 있으며, 파도치는 바다에서도 전기를 얻을 수 있다. 이렇듯 많은 연구비를 들여 새로운 전기 생산을 시도했지만 아직은 원자력보다 싼 전기 생산방법은 개발되지 않았다. 좀 더 기다려야 할 모양이다.

그렇다면 수소 생산에 필요한 전기를 원자력 전기보다 싸게 얻는 방법은 아직은 불가능하다는 결론이 나온다. 결국 원자력 전기 단가에 수소 생산비용이 더해지고 이의 유통비용이 합하여져 최종적인 수소 소비자 가격이 결정된다. 이래서는 채산이 맞지 않는다. 만일 물을 분해하여 수소를 얻는 비용이 전기를 직접 사용하는 비용보다 싸다면 수소 경제는 리프킨이 얘기하는 에너지 혁명을 가져올 것이다. 그렇다면 과연 전기와 경쟁할 수 있는 수소는 어떻게 생산할 수 있는 것인가? 수소의 생산에 원자력이 빠지지 않고 등장하는 것은 원자력 발전과정에서 높은 온도의 열과 전기를 동시에 얻을 수 있기 때문이다. 현재의 기술로 수소를 경제적으로 얻는 방법은 초고온 가스냉각원자로[39]를 이용하는 것이다. 수소차가 중심이 되는 경제는 다음과 같은 가정이 필요하다.

수소차 경제의 주요 가정

- 수소차를 이용하여 얻는 가치가 수소를 생산하는 데 드는 비용보다 높다
- 수소를 생산하는 설비가 잘 가동되고 있다. 수소 가스 비용이 휘발유나 LNG 공급 비용보다 저렴하다.
- 전국적인 수소의 저장, 분배 망이 갖춰져 있다.

앞서의 가정에서 주요한 점은 차량의 수소를 어디에서 충전하고, 정비하는가와 함께 이 수소차를 마이크로그리드와 연결하여 어떤 가치를 얻을 것인가이다. 또한 차량을 누가 소유하고 어떻게 사용할 것인가에 대한 소유의 개념도 정립되어야 한다. 수소차 마이크로그리드를 통해 생산된 전기를 배전회사에 판매하여 많은 이익을 얻을 수 있다면, 그리하여 정부 보조금 없이도 비싼 차량 가격을 상쇄할 수 있다면 수소차를 임대하는 사업자가 틀림없이

39) HTGR, High Temperature Gas Cooled Reactor, 4세대 원자로의 하나로 헬륨과 흑연을 이용한다. 헬륨을 냉각재로 사용하므로 압력을 높이지 않고도 900℃ 이상으로 가스온도를 높일 수 있어 고효율의 전력생산이 가능하고, 수소생산에도 사용될 수 있다.

나올 것이고, 수소 경제는 우리가 생각하는 것보다 빠르게 다가올 것이다. 특히 평화체제가 공고히 구축되어 북한에 대한 전기공급이 큰 이슈가 될 때 수소차를 이용한 마이크로그리드는 대규모 설비투자 없이 운송과 전기공급을 모두 해결할 수 있는 대안이 될 것을 확신한다.

가. 수소차, 마이크로그리드를 만나다

2040년 대덕연구단지에 근무하면서 아파트 단지에 사는 "차수소"씨의 얘기다.

지어낸 이야기 5 : 수소차와 마이크로그리드

수소차는 수소 가스 공급자 네트워크와 연결되고, 아파트 단지 지하 주차장의 스마트 전력중계기와도 연결된다. 완전 무인화 운전이 가능한 수소차는 가고자 하는 목적지만 음성으로 지시하면 알아서 운행한다. 차가 운행할 때를 제외하면 수소차는 언제나 마이크로그리드와 연결된다. '차수소'씨의 차도 목적지인 연구소 주차장에 도착하면 바닥에 설치된 변압기를 통해 비접촉식으로 전력을 공급한다. 이 모든 과정은 사물 인터넷 기술과 머신 러닝기술을 이용하여 무인으로 자동 제어된다. '차수소'씨는 매달 스마트폰으로 청구되는 관리비 고지서에 차량 운행기록과 함께 주행거리에 따른 비용이 청구되지만 그리 많은 액수는 아니다. 전국의 모든 대형 주차장에는 수소차 마이크로그리드가 설치되어 있어 외부 출타 중에도 전력수요에 따라 수소차가 발전을 담당한다. '차수소'씨는 2030년 자신의 전기차를 폐차시킨

이후, 한전과 현대차에서 설립한 수소차 회사에서 필요할 때마다 차량을 단기간 렌트해 사용한다. 수소차는 출퇴근 또는 여행 목적의 운행시간을 제외하고는 아파트단지와 연구소의 마이크로그리드에 접속되어 작은 발전소의 역할을 한다. 만 명이 근무하는 그의 연구소는 태양광 발전과 수소차에 의해 전력을 생산하고 소비한다. 비상시를 대비한 디젤 발전기가 있지만 가동을 안 한 지 10년이 넘었다. 아파트 단지도 연구소와 같은 전력시스템이 갖춰져 있고 단지 내 전력관리 시스템에 의해 중앙 제어된다. 특수 합금으로 만들어진 수소차 용기는 10 kW의 전력을 12시간 이상 연속으로 발전할 수 있다. 수소의 충전은 아파트 단지나 연구소 주차장에 설치된 충전 로봇에 의해 이뤄져 인건비 부담도 없다. 수소 가스에 대한 안전 강화를 위해 가스 충전설비는 4중의 안전설비를 갖춰 2030년 이후 한 건의 폭발사고도 일어나지 않았다.

수소차가 상용화되고 마이크로그리드와 연결되면 자동차를 현재와 같이 수천만 원씩 비용을 지불하고 구매하는 경우는 흔치 않을 것이다. 대단지 아파트에서는 카 쉐어링이 일반화될 것이고, 사용 비용과 전력생산 비용의 차액만큼만 매달 관리비에 포함되어 나올 것이다.

수소차는 공유경제를 도입할 수 있는 가장 좋은 대상이다. 자율운전이 일상화되는 2030년만 되어도 운전자는 휴대폰 앱에 목적지만 설정하면 차량이 주차된 위치정보를 전송받을 것이고, 나머지 운행은 차량이 알아서 할 것이니, 카 오디오의 음량을 높이고 가속 페달을 밟으면서 쌓인 스트레스를 풀던 요즘의 행태는 과거의 얘기가 될 것이다. 대신 저절로 움직이는 차 속에서 다른 무언가를 하고 있지 않을까?

수소차를 마이크로그리드에 활용할 경우, 전력계통의 주파수 조절이 쉬워진다. 한대의 차량에 10 kW 정도의 발전기가 설치되어 있다고 가정하면 제어 네트워크를 이용하여 실시간으로 좀 더 나은 품질의 전력을 공급할 수 있다. 그러나 수소차가 차량으로 작동하는 출퇴근 시간과 차량 이용이 늘어나는 휴일 같은 경우가 문제인데, 이는 양수발전을 통해 친환경적으로 흡수할 수 있을 것이다.

원자력을 이용해 수소를 생산하는 방법은 수소생산 전용의 초고온 가스로를 이용하는 방법과 기존의 경수로를 이용하는 방법이 있다. 수소생산 전용의 초고온 가스로는 열화학 공정을 이용할 수 있는 장점이 있다. 800℃에서 1,000℃에 이르는 초고온의 가스를 이용하여 황산 분해반응을 유도해 수소를 생산하면 산소가 부산물로 남는다. 또 하나의 방법은 900℃ 내외의 열에너지와 전기 에너지를 3:7 비율로 사용하여 물을 분해하는 초고온 전기분해 방법이다. 에너지 경제연구원의 연구결과에 의하여 수소 생산단가는 kg당 2.2달러에서 4.3달러가 될 것으로 예상된다.[40]

물을 직접 전기로 분해하는 방법도 쓸 수 있다. 다만 물을 전기분해하면 효율이 10%로 떨어진다. 기존의 경수로를 이용하여 수소를 생산하는 방법은 2차 측의 증기 온도가 300℃ 미만으로 낮아 열분해를 유도하기에는 경제성이 떨어진다는 단점은 있으나 높은 증기 압력을 이용하고 전기 에너지와 연계하여 물을 분해할 경우, 대량의 수소를 생산할 수 있다는 장점도 있다. 이에 대한 연구도 꾸준히 진행되어야 할 것이다.

서울시장 후보로 나선 박영선 의원의 얘기다.

"미세먼지를 줄이기 위해 대중교통을 이용하는 건 아날로그 대책이다. 공기청정기인 수소차를 도시에 돌아다니게 하는 것이 가장 효과적이다. 전기차를 늘리려면 결국 전력공급을 위해 원전을 증설해야 할 것"이나 이는 문재인 정부의 원전 감축 기조와 어긋난다.[41]"

---

40) 에너지경제연구원, 미래 수소경제 실현을 위한 기반구축 연구, 2008년

박 의원은 수소차가 어떻게 미세먼지 저감에 활용될 수 있는지를 설명한다. 또한 전기차의 한계도 얘기한다. 그러나 수소를 어떻게 공급할 것인가에 대한 언급은 없었다. 결국 전기차든 수소차든 대규모 발전설비에 의존하지 않고는 도입이 불가하다. 수소 경제의 핵심은 수소차도 마이크로그리드의 구성도 아니다. 바로 수소를 어떻게 생산할 것인가에 달려있다.

필자는 우선 현 정부의 공약으로 인해 정지되었거나 정지될 것으로 보이는 고리 1호기와 월성 1호기를 수소생산 원자로로 개조하는 것이 대안이 될 수도 있다고 생각한다. 전력생산에서 원전이 차지하는 비율은 점진적으로 줄여 나가되 조기 폐쇄되는 원자로를 수소를 생산하는 설비로 바꾸는 연구를 진행하고 테스트베드로 삼는 것이다. 물론 경수로에서 나오는 증기의 품질이 열화학 분해에 사용할 만큼 완벽한 조건은 아니지만 계속된 연구를 통해 원자로 설비만을 이용해 안전하게 수소를 생산할 수 있다면 수소차 시대를 앞당길 수 있을 것 같다.

풍력, 태양광 등의 신재생 에너지의 한계는 전력공급이 자연조건에 의해 결정된다는 것이다. 전력생산량이 일조량과 바람의 세기에 따라 들쭉날쭉해서는 수요자에게 안정적으로 공급할 수가 없다. 전압과 주파수의 안정은 반도체 공정의 정밀도를 높이는데 기본적인 필수요소다. 수소를 이용한 마이크로그리드는 이러한 문제를 원천적으로 해결할 수 있다. 메탄가스를 이용한 수소생산과 같은 열화학 공정에 원자력의 수증기와 태양광 및 풍력에서 얻은 전기를 동시에 이용하는 '공생의 수소생산기술[42)]'을 개발하는 것도 대안이 될 수 있다. 신재생 에너지가 가진 한계인 공급의 불안정성과 원자력 에너지가 가진 '대중 수용성'의 문제를 동시에 해결하는 것이다.

이를 통해 10% 이내에 머물고 있는 신재생에너지의 공급량을 더욱 늘릴 수 있고 전력회사가 전력생산량에 비례하여 풍력과 태양광 발전에 지급하는 보조금을 줄일 수 있어 공생이 가능해진다. 현재의 원가구조하에서, 신재생

---

41) 한국일보 2018년 1월 22일자
42) 전력시장의 공급주도권을 놓고 원자력과 신재생에너지 그룹이 쟁탈을 벌이는 기존의 패러다임에서 탈피하여 공생을 통해 서로 발전할 수 있는 모델을 개발하는 것에 핵심이 있다.

에너지는 원자력, 석탄 화력과 공생하지 않고는 생존 자체가 불가능하다. 2018년 5월 현재 원자력발전량이 20%를 밑돌자 한전과 한수원의 경영에 빨간불이 켜졌다. 한전은 이미 장기간의 적자상태에 들어섰고, 한수원도 이익이 나지 않는 구조로 바뀌고 있다. 만일 원자력과 신재생에너지가 수소에서 공생의 접점을 찾는다면, 엄청난 잠재성을 갖는 두 에너지가 하나의 축을 돌리는 발전의 동력으로 전환되어 전체 전기 에너지 시장의 패러다임을 바꾸는 '파괴적 혁신'을 이룰 것이다. 이러한 파괴적 혁신을 가장 쉽게 이뤄낼 수 있는 잠재성은 이미 우리에게 내재되어 있다.

국제에너지 기구(IEA)는 2050년에는 수소차가 전체 차량의 17.7%가 될 것으로 전망한다. 2017년 1월에 열린 다보스 포럼에서도 수소 위원회가 신설되었다. 주제는 '탄소 경제사회에서 수소 경제사회로의 전환'이었다.

또 하나의 패러다임 전환은 자동차의 공유다. 수소가 지배하는 마이크로그리드 하에서는 자동차는 탈 것 이상의 의미가 없다. 2030년쯤에는 모든 도로망이 자율운전에 최적화될 것이므로 인간이 개입하여 운전하려면 특별한 면허가 필요할 것이다. 1종 보통면허는 수동기어를 설치한 1톤 트럭으로 주행시험을 보지만 2종 보통면허는 자동 트랜스미션을 설치한 차량으로 시험을 보는 것과 유사한 개념이다.

따라서 자동차를 과시의 대상으로 삼고 싶은 사람을 제외한 대부분의 아파트 거주자들은 규격화된 차량을 이용할 것이다. 이는 자동차가 마이크로그리드에 편입됨을 의미한다. 통신요금을 지급하듯 자동차의 사용량에 따라 지불하는 비용은 매우 저렴할 것이다. 대부분의 시간 동안 자동차는 마이크로그리드에 연결되어 전기를 생산, 판매하기 때문이다. 배전망을 관리하는 전력거래소의 역할도 활발해진다. 해커가 침입할 틈도 없어질 것이다. 수소차 마이크로그리드는 블록체인을 통해 통신망과 연결된다. 해킹의 목표가 되는 중앙의 데이터베이스가 존재하지 않는 것이다. 또한 블록체인은 공개키를 기반으로 강력한 암호를 활용한다. 이차세계대전 당시 '나바호 인디언 원주민'[43]을 활용하여 무선통신을 했던 미군과 같이 도저히 파고들 틈이 보이지 않는 것이다. 설령 하나의 망이 해커에 의해 뚫린다 해도 대한민국의 모든 수소차를 해킹하여 광역정전을 발생시키는 것은 불가능하다.

이 블록체인 기술은 양자 정보를 다루는 양자 컴퓨터와 접목되어 더욱 막강한 암호 키를 생성할 것이다. 더 이상 분해되지 않는 양자의 구조상 양자의 복제는 불가능하므로 이를 이용하여 현재의 슈퍼컴퓨터보다 훨씬 빠른 통신망을 일반 PC 수준에서도 구축할 수 있으며, 블록체인이 가진 데이터 블록의 사슬 형태와 결합하면 완벽한 보안 데이터 통신망으로 진화할 수 있을 것이다. 이 암호 망이 가진 혜택은 자율운전 기능과 마이크로그리드 연결성을 가진 수소차가 24시간 내내 네트워크에 연결되도록 해 줄 것이다. 네트워크와 상시 연결된 수소차의 제어는 운행 모드와 발전 모드로 나뉘어 진행된다. 운행 중에는 수소 연료전지에서 생산된 전기가 모터를 구동하는 동력으로 사용되지만 발전 모드에서는 생산된 전기가 바로 전력망에 연결되는 것이 다를 뿐이다.

독일은 유럽 국가 가운데 처음으로 1999년 상업용 수소 충전소를 개설했다. 오르트빈 룬데 함부르크 시장은 수소 구동 운송체계가 함부르크 같은 도시의 삶에 무엇을 안겨 줄지 상상해 보라며 이렇게 말했다.[44]

"거리는 조용할 것이다. 자동차가 지나갈 때 배기관의 굉음 대신 타이어와 바람소리만 들릴 것이다. 도시는 깨끗할 것이다. 배기가스가 전혀 없기 때문이다. 보행자들이 코를 틀어막는 일도 없을 것이다. 해가 진 뒤 길거리 카페에서도 커피와 와인 잔을 기울일 수 있을 것이다."

누구도 지하철과 같은 대중교통의 외관에 신경을 쓰지 않듯, 무인운전이 가능해지고 자동차를 소유한다는 개념이 없어지는 공유경제가 되면 자동차는 획일화된 디자인의 타는 기구가 될 것이다. 그래야 정비비와 유지비가 적게 들기 때문이다. 현재와 같은 휘발유를 동력으로 하는 자동차는 복고 취향의

---

43) 2차 세계대전시 인디언 부족의 언어를 활용해 누구도 풀지 못하는 암호를 개발했던 이야기는 영화 '윈드토커'의 소재가 되었다.

44) 제러미 리프킨, 수소혁명, 민음사

아날로그 파와 뽐내기 좋아하는 신세대 일부만이 사용하게 될 것이다. 또한 텔레메틱스[45]를 이용해 네트워크에 언제나 연결되어 있는 자동차는 완전 디지털화되어 원격에서 제어되고 보호된다. 무인운전과 자율운전, 네트워크 예측모델에 의한 보호조치까지 자동차의 운행은 양자컴퓨터에 의해 보호되고, 제어되고, 감시된다.

나. 수소차가 극복해야 할 생태계 문제

수소차를 둘러싼 기술적 생태계도 고려해야 한다. 먼저 수소를 어떻게 생산할 것인가에 대한 고려다. 다음은 수소차를 이용한 마이크로그리드의 운영 방법을 선택해야 한다. 수소의 저장, 운송, 충전 인프라에 대한 고려도 빼놓을 수 없다. 마지막으로 수소차를 이용한 마이크로그리드의 전력품질 유지 방안이다. 자율형 독립적인 전력시스템만으로 아파트 단지 등의 전력품질을 유지할 수 있다면 한전의 배전계통과 연계하지 않고도 운용이 가능할 것이다.

기술은 도시를 끊임없이 변화시킨다. 서로 다른 기술이 일반화되고 그 결과가 인프라로 활용되기 시작하면 도시의 형태는 바뀐다. 공유가 가능한 수소차, 이들을 효율적으로 관리할 수 있는 네트워크와 충전 인프라, 그 밖에 운영 알고리즘과 인터페이스 기술 등이 필요하다. 이 작업은 단순히 자동차를 만들어 파는 데서 끝나지 않는다. 도시 인프라를 계획하거나 재편하는 한편, 운영 관련 서비스나 유지보수 등 전통적 자동차 제조 산업과 차별화되는 경쟁력을 확보해야 비로소 실현 가능한 목표다. "어떻게 하면 사람들에게 매력을 주고 보다 많은 이가 교류하도록 할 수 있을까?"에 초점을 맞춰야 한다. 단지 큰 산업을 한두 개 유치하고 기업 몇 곳이 입주한다고 해서 도시의 장기 가치가 높아지진 않는다. 이런 변화가 가속화되려면 이전과 동일한

45) Telemetics, Telecommunication과 Informatics의 합성어, 교통 감지기를 이용하여 실시간으로 교통상황을 파악하여 효과적인 교통 제어전략을 선택하고 자동차와 시스템이 쌍방향 정보를 주고받는 지능형 교통시스템의 일종이다.

방식으로 자동차 도시공학·설계를 담당해 왔던 기존 전문가 그룹의 사고부터 바뀌어야 한다. 마찬가지로 도시의 행정이나 계획을 세우는 도시 공무원과 시장 리더십 그룹들도 기술과 미래에 대한 기술 혁신 시도에 인색해선 안 된다.[46]

46) 전기자동차 통한 미래 도시 모습을 참조하여 재작성, http://cafe.daum.net/future19/

西生浦口에서 : 거장의 품격

여든이 넘은 블루스 음악의 거장 비비킹이 영국 로열 앨버트 홀에 섰다. 전속 밴드와 세 명의 초청 기타연주자, 그리고 두 명의 가수가 함께했다. 그가 만드는 기타의 음은 세 명의 다른 연주자와는 달랐고, 그의 노래는 두 명의 가수와도 달랐다. 초청 기타연주자가 현란한 연주 솜씨를 뽐낼 때 그는 한음, 한음 최선을 다해 연주했다. 물론 그의 젊은 시절 연주에는 하늘을 나는 듯, 물 위를 달리는 듯, 속도와 힘과 매끈함이 있었다, 그를 멘토로 모시는 이가 기타의 신 엘립 클립튼이니 더 이상의 설명은 사족일 뿐. 하지만 이제 땅보다 하늘이 더 가까워진 그의 나이 (타계하기 4년 전의 공연). 묵직함과 신중함 그리고 모든 것을 초월한 듯한 기품은 젊은 연주자들의 그것과는 차원이 다르다. 그가 연주하는 곡이 니그로의 음악이고 그의 조상이 저 멀리 아프리카에서 노예선에 실려 건너온 사람들이라고 해도, 그리하여 유럽의 근대문명이 얘기하는 신사도와는 너무 멀리 떨어져 있었던 조상의 후예라 해도, 음악이 한음 한음 울릴 때마다, 그의 머리에, 어깨에 걸쳐져 있던 인종에 대한 편견은 사라지는 것이었다. 이 노인에게서 그들은 무엇을 보았을까? 그것은 아우라요, 배광(背光)이 아니었을까?

"A-마이너 키로 시작합시다." 그의 말에 연주자들은 드럼의 리듬에 맞춰 소리를 낸다. 짜이지 않은 듯 그러나 한 곳으로 모여 조화를 이루는 연주가 참 듣기 좋다. 그런데 이 노인네, 연주를 많이 안 하신다. 필요한 구석에 몇 번 줄을 튕길 뿐이다. 그런데 관객들은 이 소리에 환호한다. 이것이 거장이다. 노래는 또 어떠한가? 물론 젊은 가수들의 목소리는 참 맑고 듣기 좋다. 시큼한 맛이 나는 비비킹의 목소리보다 깔끔하고 달콤한 목소리는 홀을 울리기 충분했다. 하지만 그의 연륜이 만드는 목소리는 누구도 따라갈 수 없었다. 그래서 이날의 공연이 비비킹의 것이었으리라. 절대로 나이 먹어 힘이 빠진 것이 아니다. 몬트레이 재즈 페스티벌에서 그가 부른 '더 이상의 스릴은 없다(A Thrill is Gone)'를 들어보면 젊은이 못지않은 힘과 열정이 전해져 온다. 거장의 품격이란 이런 것이다.

요즘 나는 이선희라는 가수의 목소리에 주목한다. 'J에게'로 스타덤에 올라, 지르고 높이는데 익숙하던 그의 목소리다. 청량하고 파워 있고 끝을 모르는 듯 한없이 뻗어가는 그녀의 목소리는 독보적이다. 하지만 그녀의 목소리에서 고급스러움을 느낀 적은 없었다. 그러나 이 생각이 점점 바뀌고 있다. 근자에 발매된 CD를 들으면서 그녀가 힘을 빼고 노래를 부르고 있음을 느낀다. 좋은 연주 세션을 많이 써서 소리의 품질도 무척 높아졌지만 반면에 목소리에 과도한 에코나 음향효과를 넣지 않는다. 좋은 야채는 그저 잘 씻어 들기름과 소금간만 해서 내놓아도 젓가락이 가는 법이다. 이제 그녀는 이 원리를 터득했나 보다. 그녀는 음악에서 한음 한음의 중요성을 터득한 것 같다. 또박또박 초등학생과 같이 음을 다룬다. 물론 아직 비비킹의 그 품격과 고급스러움에는 못 미친다. 삼십 년쯤 세월이 더 지나 무대에 선 그녀를 본다면 고급스러움도 같이 느낄 것이다. 그녀의 변신을 봐서는 틀림없는 사실이 되리라. 오랜 세월이 지나 명품이 되는 이들을 보면 부러움을 느낀다. 세상에는 그렇게 되지 못하는 사람들도 많은데..... 땅을 디디는 힘이 줄어드는 삼십년 후에 나는 무엇이 되어 있을까?

2017년 여름에 쓰다.

3부

자동차 마이크로그리드가 만난 시스템 엔지니어링

"수소차와 자율주행차가 미래 먹거리가 될 수 있고, 일자리 창출에도 기여할 것이라는 확신을 갖고 있다"

- 정의선 현대차 부회장 -

12 기술개발의 관점

자동차 마이크로그리드와 같은 새로운 산업을 만들어나가기 위해서는 먼저 산꼭대기에서 아래를 내려보듯 전체 산업을 바라보고, 점점 내려오면서 맨 밑의 시스템 요소를 바라봐야 한다. 여기서 관점이라는 용어가 나온다. 관점이란 어느 위치에서 대상을 바라볼 것인가를 말한다. 산업 단위 규모에서는 최정상에서 모든 판세를 읽어내는 것이 가능한 반면, 시스템 요소의 관점에서는 산업을 구성하고 있는 구성품이나 부속품들을 자세히 관찰할 수 있다. 이와 같이 시스템 개발은 먼저 대세를 파악하고 상세한 수준까지 식별하는 종합적인 능력을 요구한다.

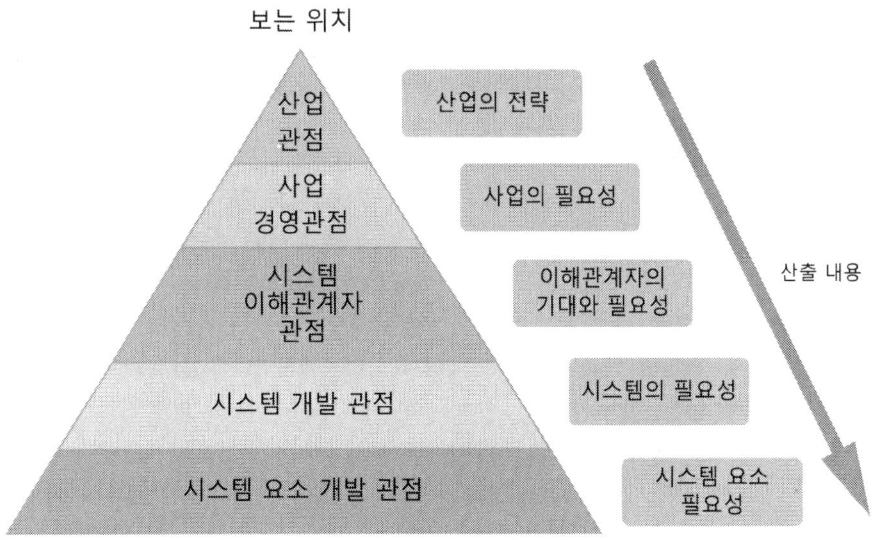

관점에 따라 얻어지는 결과도 달라진다, 가장 높은 위치를 점하는 것이 거시적인 산업의 관점이다. 전력산업, 자동차 산업 등이 대상이다. 여기에서 산업의 전략이 나온다. 두 번째 관점은 산업별로 고유한 사업경영관점이다. 사업기획, 사업관리, 사업운영 등으로 관점은 더욱 세분화할 수 있다. 여기에서 사업의 필요성이 얻어진다. 세 번째 관점은 시스템 이해관계자의 관점이다. 시스템을 둘러싼 이해관계자의 기대와 필요성이 발굴된다. 네 번째 관점은 시스템 개발 관점이고 가장 낮은 단계는 시스템 요소 관점이다. 관점이 구체화 되고 낮아지면, 할 일이 더욱 많아진다. 특히 시스템이나 시스템 요소의 관점으로 내려오면 필요성은 좀 더 구체화되고 활동의 범위는 더욱 넓어진다.

정점인 산업의 관점을 전력산업과 연결해 보자. 송전사업과, 변전사업, 배전사업이 보일 것이다. 물론 대상 시스템이 다르면 시스템 구성요소도 달라지므로 이에 대한 필요성 정의도 달라진다. 예를 들어 배전 사업의 범위를 스마트그리드 단위로 할 것인가? 마이크로그리드로 할 것인가에 따라 대상 시스템이 달라진다. 대상 시스템을 자동차 마이크로그리드로 국한해 정의할 경우에도 전기차 마이크로그리드와 수소차 마이크로그리드로 또 나누어 필요성을 분석해야 한다. 필요성이 분석을 통해 정의되면 결과를 문서로 만드는 단계가 필요하다.

다시 한 번 강조하지만, 대상을 바라보는 관점에 따라 대상이 달리 보인다. 또한 관점은 위로부터 아래로 흐르며, 아래 단계로 흐를수록 해야 할 일이 더욱 늘어난다. 여의도에 도착한 한강은 커다란 너비를 가지고 도도한 흐름을 자랑하지만, 태백산 검룡소를 발원할 때는 깡충 뛰어 건널 수 있는 작은 시냇물 정도의 너비였다는 점이 중요하다. 물론 발원지의 물길은 바르게 나 있어야 한다. 아무리 물을 펑펑 쏟아낸다 한들 물길이 바르지 않으면 한강과 같은 큰 폭의 강줄기를 이뤄낼 수 없을 것이다.

가. 산업적 관점

여기서 얘기하는 산업의 관점이란, 자동차 산업과 전력산업 차원의 관점을 말한다. 자동차라는 운송 수단과 전기라는 에너지원을 새로운 요소로 바꾸는 일은 보통 어려운 것이 아니다. 특히 기술의 흐름이 하나의 수단으로 모이는 경우는 시행착오를 줄일 수 있지만 두 가지 이상의 수단이 대립하는 경우 하나로 수렴하기 위한 많은 고려가 필요하다.

곧 다가올 내일의 자동차 산업은 내연기관 중심의 산업에서 배터리나 수소를 연료로 하는 산업으로 변화할 것이다. 이미 자동차 회사들은 다양한 종류의 전기차와 수소차를 생산하고 있다. 현대자동차의 경우도 수소차의 선두주자가 되고자 했지만, 테슬라를 선두로 한 전기차 산업이 강세를 보이자 급히 전기차 대열에 합류하면서 수소차 산업의 선도자 자리를 위협받고 있다. 이렇듯 선도자란 위험을 동시에 안고 가야 하는 자리이므로 자동차 산업과 같이 기술적 진입장벽이 비교적 낮은 사업의 경우, 위험한 장사가 가장 많이 남는다는 우리네 속담이 맞지 않을 수 있으니 경영진들의 고민이 이만저만이 아닐 것이다.

전력산업과 자동차 산업, 기존의 통신 산업 등을 아우르는 본 자동차 마이크로그리드 정도의 규모가 되면, 과연 이 세 분야를 통합하여 새로운 신산업을 발족시킬 때 어떠한 가치를 얻을 수 있을 것인가에 대한 질문을 받게 될 것이다. 이 가치가 극대화되는 점을 찾는 것이 바로 산업의 전략을 수립하는 것이다. 수립된 전략을 입력으로 사용해 사업경영 관점의 필요성이 얻어진다. 사업경영 관점에서 필요성이 발굴되면, 다음의 과정은 사업을 둘러싼 다양한 이해관계자가 이 사업운영을 통해 무엇을 얻게 되는지, 특히 그들의 기대와 필요성은 무엇인지를 발굴한다. 이때 발굴된 기대와 필요성은 시스템에 대한 필요성 발굴의 입력으로 사용되어 좀 더 기술적인 용어를 사용하여 변환되고 세련된 형태를 갖춘다. 시스템 수준의 필요성은 시스템을 이루는 요소(구성품, 부품 등)로 세분되어 물리적 형상을 갖는 만질 수 있는 제품의 형태로 바뀌게 된다.

자동차 마이크로그리드라는 시스템에 대한 요구사항은 조직의 전략 목적이나 목표로 부터 나온다. 이는 다음 단계인 사업 비전과 운용 개념[47], 사업관리와 사업에 대한 필요(임무에 대한 필요)를 정의하는 데도 두루 사용된다.

1) 산업의 전략적 목적, 목표

에너지 신산업을 육성한다는 관점에서 전기차 마이크로그리드를 바라보자. 이에 대한 전략적인 목적이나 목표는 참여하는 산업별로 달라질 것이다. 위의 삼각형을 다시 살펴보자. 정부는 에너지 분야의 새로운 산업을 육성하고자 한다. 전기 사업자는 이미 배전 분야 시장이 자유화되어 KT와 포스코 등 민간사업자도 1MW까지 전기를 민간에 공급할 수 있다는 점에 큰 위기감을 느끼고 있다. 따라서 새로운 전기 생태계를 만들어 시장 주도권을 계속 이어가길 원한다. 내연기관 자동차로 시장을 주도하던 자동차 회사도 기존의 비즈니스 모델로는 2040년까지 버틸 수 없다는 점을 인식하고 있다. 탈 내연기관의 서막은 이미 올랐다. 따라서 전기차/수소차 개발, 생산의 사업뿐만 아니라 마이크로그리드와의 결합 등을 포함한 새로운 비즈니스 모델의 창출이 필요하다는 점을 모든 자동차 회사가 인식하고 있다.

흥미로운 점은 이 서비스 모델의 경계 내에 새로운 사업을 창출하고자 하는 새로운 진입자가 생긴다는 것이다. 바로 마이크로그리드 사업자다. 이 진입자는 1장의 '지어낸 이야기' 편을 통해 예측해 본 한전과 현대차가 설립한 공동출자회사일 수도 있고, LGU+나 SK텔레콤, KT와 같은 기존 통신 사업자일 수도 있으며, LG나 삼성 SDI와 같은 배터리 회사일 수도 있다. 분명한 사실은 KT와 포스코에 열린 전기 배전시장은 빠르게 새로운 사업자를 불러들일 것이라는 점이다. 또한 필자가 자동차 마이크로그리드 생태계가 완성될 시점으로 예상하는 2040년이 되면, 기존의 통신 사업자 이상으로 많은 메이저급 마이크로그리드 사업자가 생겨날 것이다. 이 사업자는 자동차를 공유하는 서비스, 아파트 단지나 대규모 사업장에 마이크로그리드 설치하고 운영하

47) 여기서는 Concept of Operation (ConOps)를 운용개념으로 번역하여 사용하였다.

는 비즈니스를 통해 많은 수입을 얻을 것이다. 정부도 이 에너지 신산업을 육성하여 공항 면세점 판매, 이동통신 주파수 경매 등 보다 더 많은 수익을 올려 국가 재정을 더욱 튼튼히 할 수 있을 것이다.

그렇다면 산업 관점에서 다른 조직들은 어떠한 사업 목표를 설정했었는가가 궁금해진다. 현대 자동차는 그들의 홈페이지에서 사업과 임무에 대한 정의를 다음과 같이 하고 있다.

"더 나은 미래를 위한 동행은 기업의 외형적 성장을 넘어 최상의 만족을 고객에게 전달하고자 하는 굳은 의지를 담았다.48)"

자동차를 넘어서 삶의 동반자가 되겠다는 현대차의 비전은 전기·수소차 사업에 적용해 봐도 큰 무리는 없을 듯싶다. 다만, 기술의 선도자로서 판을 새로이 짜고 후발주자들을 끌어들이는 야심 찬 목표가 보이지 않는 것이 아쉽다.

포드의 창립자 헨리 포드는 1916년 자신의 자동차 사업 목표를 다음과 같이 설명하고 있다.

"나는 자동차를 팔아 엄청난 이익을 남겨야 한다고 생각하지는 않는다. 적정 수준의 이윤이 타당하며 너무 많지 않아야 한다. (중략) 이렇게 해야 많은 사람들이 자동차를 사서 이용할 수 있기 때문이며, 상당한 수준의 임금으로 많은 수의 종업원에게 일자리를 제공할 수 있기 때문이다. 이 두 가지야말로 내 일생의 목표라 할 수 있다.49)"

소니의 발전을 이끈 모리타 아키오는 "소니의 개척 정신"이라는 간단한 문장으로 회사의 비전을 소개한다.

---

48) 현대자동차 홈페이지에서 인용
49) 짐 콜린스, 제리 포라스, 성공하는 기업들의 8가지 습관, 82쪽

"소니는 개척자이며 결코 남을 모방하지 않는다. 소니는 진보와 발전을 통해 전 세계에 봉사할 것이며 언제나 새로운 것을 추구한다. (중략) 이것이 소니의 원천적인 힘이다.[50]*"*

현대차는 최상의 고객 만족을, 헨리 포드는 자동차 이용자가 갖는 혜택과 종업원의 일자리 제공을 사업목표로 삼았다. 반면 소니는 선도자의 개척정신이라는 이념으로 목표를 삼고 있다. 이 세 기업에 있어, 기업 활동을 통한 이윤의 추구란 목표 달성을 위한 수단일 뿐이다. 이러한 명확한 이념적 목표는 기업이 추구하는 전략의 빈틈을 쉽게 알아내게 하고, 이를 통해 문제를 식별하여 기회로 변화할 수 있도록 한다. 산업관점에서 문제는 어떻게 식별되는가? 이는 운용개념을 통해 가능하다. 산업 관점에서는 운용개념[51]을 통해 문제를 정의하는 것이 권고된다. 운용개념이란 무엇인가? 내일의 자동차 시장에 이 문제를 대입해 보자.

미래의 자동차 산업에 있어, 전통적인 내연기관 기술에 강점을 가진 자동차 회사는 절대로 생존하지 못할 것이다. 오히려 배터리 기술을 가진 LG나 삼성과 같은 회사가 더 유리할 수도 있다. 테슬라는 전기차 이전에 자동차를 생산해 본 적도 배터리를 생산해 본 적도 없다. 그러나 전기차 분야에서 세계 1위의 자리를 차지하고 있다. 어떻게 이것이 가능한가? 전기차 원가를 분석해 보면 답이 나온다. 바로 자동차 한 대를 팔면 판매가 절반 가까이를 배터리 회사에 내야 하기 때문이다. 이 때문에 파나소닉과 협업하고 있는 테슬라는 '기가 팩토리'라는 대규모의 배터리 공장을 짓는다. 당초 이 배터리 공장은 태양광 발전소에서 전기를 공급받기로 계획했었다. 그러나 태양광은 안정적인 전력원이 아니다. 친환경 태양광발전을 통해 친환경 전기차를 만든다는 그럴 듯해 보이는 생각을 실현하고자 네바다 사막에 배터리 공장을 지었지만 결국 태양광발전이 이 회사의 발목을 잡고 있다.

---

50) 짐 콜린스, 제리 포라스, 성공하는 기업들의 8가지 습관, 79쪽
51) 여기서는 Concept of Operation (ConOps)를 운용개념으로 번역하여 사용하였다.

'엘론 리브 머스크.' 전기차 생산을 하는 테슬라와 민간 우주선 기업인 스페이스 X 등을 가지고 있는 발명가요 기업가, 엔지니어, 투자자 등 다양한 수식어가 따라다니는 인물이다. 미국 항공우주국 나사와 로켓을 공동 개발하는 것으로도 유명한데, 보잉, 록히드 마틴 등 쟁쟁한 우주 산업체와 경쟁을 하고 있는 것 자체가 놀랍고, 이런 비전을 가진 인물과 같은 시대를 살아간다는 것이 감격스럽다. 그러나 마음 한구석은 편하지 않다. 그의 사업 영역이 우리나라 기업의 영역과 많은 부분 겹치기 때문이고 그의 자동차 산업을 바라보는 사고의 스케일이 다른 사람의 추종을 불허하기 때문이다. 역시 뛰어난 인물이다.

테슬라는 친환경이라는 명분은 얻었으나 안정적인 전기를 공급받는 데 실패했다. 다른 지역에 있는 태양광이 아닌 발전소에서 전기를 공급받고자 하나 네바다 사막에는 송전선이 설치되어 있지 않다. 이래저래 문제를 해결하기가 쉽지는 않아 보인다. 엘론 머스크의 "기가 팩토리"는 자동차 산업이라는 차원에서 경쟁력을 확보하기 위한 전략적 선택이었다. 그러나 이 "기가 팩토리"를 통한 경쟁력 확보 전략은 안정적 전기의 공급이 필수적이라는 점을 간과했다. 태양의 위치와 날씨에 따라 전기 생산이 들쭉날쭉한 태양광 발전만으로는 좋은 품질의 전기공급이 핵심인 배터리 공장을 가동하지 못한다.

두 번째 문제는 인력수급에 있었다. 네바다 사막에는 라스베거스가 있다. 요즘 젊은이들은 돈 잘 벌 것 같고 겉으로 휘황찬란한 카지노에 근무하고 싶어 한다. 공장 생산라인에서 블루칼라로 일하려는 젊은이를 찾기가 어려운 지역이라는 것이다. 논리적인 사고로 알려진 미국인에게서 이러한 문제가 터진 것은 엘론 머스크라는 스타 플레이어 중심의 의사결정도 큰 요소로 작용했을 것이다. 그러나 가장 큰 문제는 운용개념을 잘 수립하지 못한 데 있었던 것 같다.

산업의 관점을 통해 얻어지는 가장 중요한 성과는 바로 시스템 운용 측면의 개념이다. 왜 이 일을 해야 하는가? 어떻게, 그리고 누가 할 것인가? 어디서. 언제 할 것인가를 육하원칙에 따라 생각하고 분석하는 것이 중요하다.

2) 운용 개념

INCOSE 핸드북 4.0에서는, 산업의 관점에서 운용개념을 파악하는 것이 필요하다고 말하고 있으나[52], 필요성을 요구사항으로 변환하는 단계가 잘게 나누어져 있고 많은 내용이 그림 한 장에 표기되어 전체 개념을 한눈에 파악하기가 곤란하였다. 이와 같은 점을 국내 시스템엔지니어링 전문가와의 협의하여[53] 다음과 같이 정리하여 보았다. 특히 사업의 필요성 정의를 통해 사업의 운용개념이 수립되고, 이해관계자 기대와 필요성을 통해 이 운용개념이 다듬어져 운영개념으로 만들어지는 과정을 간략하게 나타내었다.

그렇다면 사업의 운용개념은 어떻게 세워야 할까? 코사코프는 시스템에 대한 개념을 수립하는 데 있어 가장 중요한 요소로 운용에 대한 요구사항과 운용개념, 그리고 운용 시나리오가 정립되는 것이라고 말한다.[54] 이러한 개념을 수립하는 것은 후속 단계인 사업과 임무 분석을 수행하는 데도 도움이 된다. 어떠한 일을 하다 보면 의욕이 앞서 조직의 전략이 갖는 빈틈을 미처 알아채지 못하는 경우가 많다. 특히 우리나라와 같이 리더에 의해 전략이 하달되고 중간관리자가 조직의 전략 수립에 의견을 내지 못하는 의사전달 구조를 가진 집단에서는 빈틈에 대한 분석과 그 배후에 존재하는 문제점을 인식하지 못하는 경우가 허다하다.

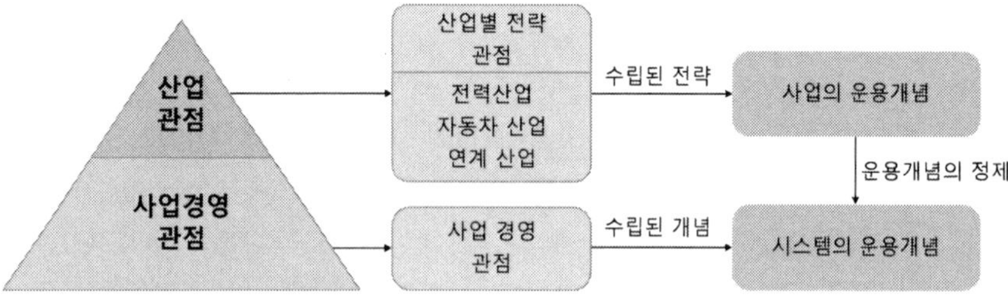

52) INCOSE 시스템엔지니어링 핸드북, 시스템 수명주기 프로세스 및 활동 지침서 4판 그림 4.1 ' 니즈를 요구사항으로 변환, Mike Ryan의 그림을 전제

53) 고등기술연구원의 김진일 박사와의 협의를 통해 그림을 재구성하였다.

54) Kossakoff, Systems Engineering- Principles and Practice, Wiley

마이크로그리드가 안정된 전압과 주파수의 전기를 공급하기 위해서는 발전량과 소비량 예측 등의 기능이 필요하다. 그러므로 이렇게 작은 전력망에는 정보통신 기술이 접목되어 발전량 조절을 위한 제어가 수행되는 것이 필수다. 그러나 마이크로그리드는 그 적용 규모가 스마트그리드보다 상대적으로 작고, 발전을 담당하는 곳과 전력을 소비하는 주체의 위치가 가깝기 때문에 송전 설비가 필요하지는 않다는 장점이 있다. 미국의 에너지국(DOE)이 설명한 마이크로그리드의 정의를 정리하면, "지역화된 전력망으로 수용가와 분산 에너지 자원을 연결한 것이다. 즉, 국가 단위의 전체 전력 계통과는 별개로 작동하여 전력의 자급자족이 가능하며, 필요에 따라 계통과 연계되어 동작할 수도 있는 전력망이다."로 요약할 수 있다.

그러나 단순히 대단지 아파트와 같은 전력 소비 주체와 분산 에너지원을 연결하는 것만으로는 마이크로그리드를 구성하고 운영하는데 충분하지 않다. 만일 풍력이나 태양광 발전 설비와 같은 신재생 에너지를 별다른 제어 없이 계통으로 전력을 공급하도록 허용하면 전력 품질을 유지하기가 어려워진다. 현재 사용되는 대부분의 마이크로그리드는 배터리를 이용해 전기 에너지를 저장한다. 내가 자랄 때 집안의 백열전등은 저녁이 되면 주황색으로 변했다. 각 가정에서 승압 트랜스를 별도로 갖추고 전압이 떨어지면 트랜스로 올리는 일을 반복하지 않으면 일정한 밝기의 불빛을 보기 어려웠다. 이런 현상을 방지하려면 마이크로그리드와 같은 작은 전력망에는 정보통신 기술을 접목하여 실시간으로 발전량을 조절해야 한다. 즉, 마이크로그리드가 안정된 전압과 주파수의 전기를 공급하기 위해서는 발전량과 소비량 예측 등의 기능이 필수적이다.

전기차 마이크로그리드의 운영개념은 전기자동차가 에너지저장장치의 역할을 대신한다는데 초점이 맞춰져 있다. 한밤중과 같이 전력이 남아도는 시간대에는 전기를 각 전기차의 배터리에 저장하고, 수요가 많아지는 대낮에는 저장해 둔 전기를 사용자에게 공급하는 임무를 수행함으로써 마이크로그리드의 전력 품질 및 공급의 안정성에 기여하는 것이다. 2020년이 되면 마이크로그리드는 약 150억 달러의 시장규모로 성장할 것으로 예측된다. 이러한 잠재력을 가진 마이크로그리드 시장을 선점하기 위해 일본과 미국 등을 중심으로 세계 각국에서는 마이크로그리드 실증사이트 구축과 실증운전을 통한 사업화 준비를 통해 미래 성장 동력 확보에 한창이다. 그 결과로 세계 각지에 구축된 대부분의 마이크로그리드 실증사이트는 정부의 지원 속에서 전력공급 신뢰도 향상, 에너지원의 다양성 확보, 전력공급 서비스 개선, 환경문제 개선과 전기가 공급되지 않는 지역에 대한 전력공급 인프라 구축 등의 다양한 목표를 가지고 운전되고 있다.[55]

산업부는 2030년까지 100만대의 전기차가 보급되더라도 효율성도 함께 높아져 전기 수요량이 0.3기가와트 (GW) 만 늘어날 것으로 봤다. 그러나 전기차 충전은 TV나 세탁기 등 전기 가전용품을 많이 사용하는 퇴근시간대에 주로 할 것이다. 이와 같이 전력 피크 시간대가 저녁이 될 경우 태양광 발전이 불가능할 때라 대규모 정전 사태가 발생할 수도 있다.

카이스트의 정용훈 교수가 조선일보와 인터뷰한 기사 내용 중 일부분을 옮겨본다.[56]

"정부가 어떤 정책적 방향을 정할 때는 목표뿐 아니라 그 목표로 가는 속도와 심도(깊이)도 정해야 합니다. 특히 에너지 정책은 즉각적인 수정이 어렵기 때문에 충격을 완화할 법적 근거 및 장치를 우선 마련하고, 국민 생활도 분석해야 합니다. 전문가와 국민 여론을 수렴해 정책 방향이 맞는지 살펴본 뒤 문제 있다고 판단되면 정책 수정 가능성도 염두에 둬야 합니다. 절차적 정의가 보장돼야 하는 거죠."

(중략)

55) 전력 자급자족 마이크로그리드, LG CNS 자료 발췌. 2015.11.17, http://blog.lgcns.com
56) 조선일보 2018. 6. 10일자,

"재생에너지 간헐성 문제를 ESS로 극복하는 것은 기술적, 이론적으로는 가능해도 현실적으로는 불가능합니다. 배터리의 발전 용량이 적고 비용도 비쌉니다. 최신 배터리 기준으로 1kWh(킬로와트시) 용량의 ESS용 리튬이온 배터리 가격은 약 30만 원입니다. 여기에 전력공급시스템 비용(약 30만 원)까지 더해야 합니다. 에너지 효율성이 100%라고 가정하고, 모든 전력 생산 공정이 자동화돼 인건비가 0원이라 치더라도 1kWh 전력을 생산하는 ESS 1개당 60만 원입니다.

나. 사업경영 관점

사업경영 관점에서 전기차 마이크로그리드를 바라보자. 먼저 이 사업은 다음과 같은 불확실성을 제거해야 한다. 제1장의 '지어낸 이야기' 편에서 소개한 배터리의 규격화다. 자동차마다 다른 배터리를 채택해서는 이 시나리오는 실현될 수 없다. 이는 전기차 사업자의 개발과 생산업무에도 영향을 미친다. 이미 배터리 시장에는 원통형과 파우치형 배터리가 판매되고 있고, 자동차 회사마다 충전 규격도 제각각이다. 따라서 규격화 없이는 이 신산업을 육성할 수 없다. 원통형 배터리를 사용하는 테슬라 전기차와 파우치형 배터리를 달고 다니는 현대 전기차가 같은 충전기에서 전기를 충전할 수 없는 것은 당연하다.

두 번째 불확실성은 조만간 실용화될 무인차의 규격이다. 이 역시 자동차 사업자의 사업경영에 큰 영향을 미칠 것이다. 핸들조차 없는 차, 핸들이 있어 운전자가 수동으로 운전할 수 있는 차 등등, 규격화가 필요한 분야는 너무 많다. 표준화는 사업자의 초기 투자비와 운영비를 줄여주고, 컴퓨터에 의한 무인차 운행 자동화를 가능하도록 한다. 아파트 단지에 돌아와 정해진 주차공간에 들어서면 마이크로그리드와 접속되어 충전하거나 전기를 판매하는 인공지능화 된 자동차도 가능하다.

세 번째 불확실성은 마이크로그리드 자체의 규격화다. 전기의 공급자와 수요자가 되는 아파트 단위 마이크로그리드에 대한 표준 역시 사전에 마련되어야 한다. 이는 전력의 수급과 판매에 영향을 미치고 나아가 전기 배전 네트워크를 관리하여 이익을 취하는 마이크로그리드 사업자의 사업경영에도 큰 영향을 준다.

1) 사업 경영을 위한 SWOT[57] 분석

① 전기차의 경우

전기차를 이용한 마이크로그리드를 사업경영 관점에서 분석해 보자. 이 방법은 현재의 조직과 경영체계가 가진 강점과 약점, 기회와 동시에 찾아오는 위기를 사업경영의 측면에서 살펴보기 위한 것이다. 저자의 부족한 지식으로나마 분석해본 SWOT 결과는 다음과 같다. 여러분도 한번 자신만의 분석을 해 보시기를 권고한다.

강점(S)	기회(O)
각 산업 부분은 고유의 전문영역을 가지고 있으며 각 전문영역에 필요한 지식과 기술, 인력을 이미 보유하고 있다. 본 사업을 주도하기 위한 산업 분야의 자본 축적이 충분하고 관련 인프라와 연구도 되어있다. 플랫폼을 구축하기 위한 선행연구과정은 기존의 분야별(전력 저장장치, 자동차, 배터리 등) 연구 결과를 활용할 수 있다.	완전한 블루오션 영역이므로 사업성은 충분하다. 각 참여 분야의 전문성을 잘 살릴 수 있고 연결에 따른 시너지를 높일 수 있다. 기존의 레드오션 사업 분야를 참여시켜 네트워크를 형성하기 쉽다. (주유소 네트워크를 배터리 교환 사업 네트워크로 흡수) 탈원전, 탈석탄, 탈석유의 정책 드라이브와 신재생에너지의 공급 증가에 대한 대책이 될 수 있다. 4차 산업혁명의 물결로 인한 산업의 전력수요 패턴 변화를 쉽게 추종할 수 있다. 국내에서 성공한 플랫폼은 국제 표준으로 선점할 수 있으며, 글로벌화된 고부가가치 산업으로 자리매김 할 수 있다.

57) Strength, Opportunity, Weakness, Treat의 약자로 사업이 가진 강점과 약점, 기회와 위협을 단순한 비교표를 통해 식별한다.

약점(W)	위협(T)
각 전문영역을 연결하는 플랫폼 사업을 시도해 본 경험이 전혀 없다. 플랫폼 사업으로서의 전기차 마이크로그리드에 대한 관련 인력과 기술, 지식이 부족하다. 자동차 회사, 전력회사, 배터리회사, 아파트 단지 등의 연결로 이루어진 플랫폼의 특성상, 지배적 리더십이 약해져 사업의 통제가 되지 않을 수 있다. 신산업에 대한 국제적 경험이 없어 이해도가 부족하고, 아직 국제표준도 제정되지 않았다.	공기업과 사기업을 연결하는 플랫폼 사업의 특성상 연결성이 약화되면 플랫폼의 가치가 없어져 버린다. 누구도 해본 적이 없다. 사업 리스크가 매우 크다. 플랫폼과 관련한 법규가 미비하고 시스템에 대한 표준화가 안 되어 있어, 모든 것을 새롭게 시작해야 한다. (이에 대한 비용이 많이 든다.) 각 참여 산업부분별 추구하는 가치가 다르다.

대표적인 위협 요소로는 표준화가 되어 있지 않은 전기차 규격과 마이크로그리드 규격이다. 새로운 표준을 정하는 것이 사업과 임무 달성에 어떠한 영향을 미치는지는 UH-TV의 예를 들어보면 잘 알 수 있다. 당초 지상파 방송사들은 국내 가전사와 협의하여 유럽식 표준을 적용한 방송을 시험적으로 실시하였다. 그러나 정부가 표준을 새로이 제정하자 기존에 판매되었던 백만 대 이상의 제품은 부가적인 셋톱박스로 변환하지 않고는 시청할 수 없게 되었다. 이처럼 표준 제정은 산업의 발전 속도를 앞서가야 하며 플랫폼의 개발은 표준의 제정과 함께 이루어져야 리스크를 줄일 수 있다.

본 사업의 중요한 점인 자동차 산업과 전력 산업이 추구하는 목표가 서로 다르다는 것도 문제다. 공기업으로서의 전력회사는 안정적이고 질 높은 전기를 공급하는 것이 첫 번째 목표다. 즉, 정전 없이 전압과 주파수가 일정한 전기를 각 수용가에게 공급하는 것이다. 그러나 자동차 제작사는 많은 차량을 판매하여 이익을 극대화하고자 하며, 이는 배터리 제작사나 배터리 충전 네트워크들도 동일하다. 문제는 공기업과 사기업의 협업 사례가 존재하지 않는다는 것이다. 따라서 이에 대한 리스크 제거가 필수적이다. 플랫폼 사업에 성공하려면 일하는 방식과 함께 고객과의 관계에 대한 혁신이 필요하다. 아울러 전기자동차와 마이크로 그리드의 연결이라는 운영시스템은 사업의 효율성보다는 고객의 요구에 충실해야 한다. 고객이 원하고, 고객이 필요로 하는 서비스 공급체계를 갖추어야 성공 가능한 플랫폼이 될 수 있다.

전문성을 가진 여러 사업자를 연결하는 것도 큰일이다. 기업들이 공통의 목표를 갖고 신뢰와 협력 속에서 일할 수 있는 준비과정이 필요하다. 이 과정에서 치열한 논의와 플랫폼에 대한 공통분모를 찾는 것은 각자의 고유한 사업의 정체성을 유지하면서 연결점을 찾아 신사업을 개척하고자 하는 조직에 가장 중요한 일이 될 것이다. 정보를 실시간으로 공유하고 네트워크를 통합하는 것도 목표 중 하나가 되어야 한다. 개개의 조직이 가장 잘할 수 있는 일을 열심히 수행하여 최고의 시너지를 내는 일은 치밀한 준비과정 없이는 불가능하다. 파레토 법칙을 보자. 반에서 1등을 하는 학생들로 드림팀을 꾸리면 다시 80% 정도의 학생의 성취도가 낮아진다. 이 법칙처럼 최고로 구성된 조직이 결코 최고의 성과를 보장하지는 않는다. 최고의 파트너십을 통해 고객에게 최고의 서비스를 제공하는 공동의 목표를 향해 모두 함께 뛸 때 안정된 사업이 가능하다.

② 수소차의 경우

동일한 SWOT 분석을 수소차 마이크로 그리드에 대해서도 적용해 보자. 전기차와 공통적인 부분을 많이 발견할 수 있을 것이다. 전기차 마이크로그리드 분석과정에서 설명한 부분은 제외하고 수소차에 특화된 내용만을 살펴보자.

강점(S)	기회(O)
수소차 특화 부분 : 플랫폼을 구축하기 위한 선행 연구 과정은 기존의 분야별(전력 저장장치, 자동차, 수소 생산, 저장, 운송, 충전 등) 연구결과를 활용할 수 있다.	수소차 특화 부분 : 없음
약점(W)	**위협(T)**
수소차 특화부분 : 대규모 수소 수요에 대응하기 위한 수소를 어떻게 생산할 것인가에 대한 고려가 없다. 수소차를 이용한 마이크로그리드 운용방법에 대한 선행 연구가 되어 있지 않다. 아파트 단지 인근의 수소 저장, 운송, 충전 인프라 구축에 대한 이해관계자의 수용성이 낮다.	수소차 특화 부분 : 없음

이와 같은 활동이 끝났으면 자동차 마이크로그리드에 대한 시스템적인 개념을 세워보자. 시점은 2040년이고 대상이 되는 자동차 종류는 전기차와 수소차다. 위에서 알아보았듯 두 개의 대안에는 각각의 강점과 약점, 기회와 위기가 있다.

다. 시스템 이해관계자 관점

시스템을 바라보는 이해관계자는 다양할 것이다. 또한 전기차의 이해관계자와 수소차의 이해관계자 계층이 나뉠 것이다. 전기차를 선호하는 사람과 수소차를 선호하는 사람이 구분될 것이고, 선호와 비호감에 대한 각자의 관점이 다를 것이다. 또한 자동차의 종류가 달라짐에 따라 정부의 규제관점과 생산자와 서비스 제공자의 관점이 달라질 것이다. 이에 대한 상세한 내용은 기술개발과정에서 다루고자 한다.

라. 시스템과 시스템 요소 관점

대상 시스템을 어떻게 정의할 것인가는 매우 중요하다. 전기차만을 시스템으로 정의할 수도 있고, 충전 인프라를 포함시킬 수도 있다. 테슬라가 모델3을 발표하고 나자 자동차업계에는 편리하고 값싼 전기차의 생산이라는 혁신의 바람이 불었다. 한번 충전에 360 Km를 달릴 수 있는 전기차를 생산하기 위해서는 배터리 기술과 충전설비에 대한 준비도 필요하다. 엘론 머스크는 플랫폼으로서의 전기차를 선도해 버렸다. 그러므로 현시점에서 대상 시스템을 전기차와 충전 인프라 정도로만 정의한다는 것은 '빠른 추종자' 이상의 자리에 설 수 없다는 것을 스스로 인정하는 것이 된다.

진정 선도자가 되고자 한다면 기술개발의 관점을 이미 레드오션으로 넘어가고 있는 분야로 국한해서는 안 된다. 대상 시스템의 범위를 넓히고 다른 분야들과 협력해야 한다. 마이크로그리드를 대상 시스템으로 하면 선도자의 지위를 누릴 수 있다. 이 시스템은 자동차와 전기가 만나고 정보통신 기술이 만나, 혁신적이며 파격적인 플랫폼이 될 수 있다.

자동차 마이크로그리드를 전기 생태계 생성의 차원에서 바라보자 시스템의 구성요소들과 외부 인터페이스 요소들이 식별될 것이다.

전기 생태계
(요소 1)

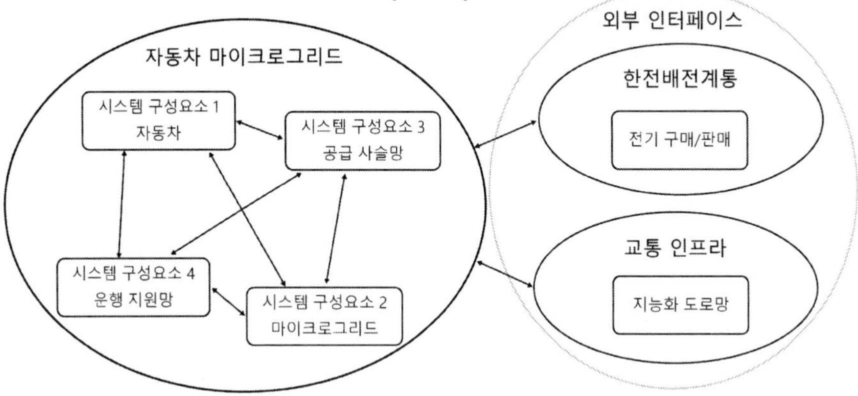

- 자동차 마이크로그리드 시스템 구성요소 : 전기차/수소차와 이를 운행하는데 필요한 지원망, 마이크로그리드, 공급 사슬 망 등이 필요하다. 특히 공급 사슬 망은 충전과 정비를 위해 필수적이고, 운행 지원망은 무인차 운행을 위한 중요한 시스템 요소다.
- 외부 인터페이스 요소 :
  - 한전 배전계통 : 전기의 공급과 판매의 연결점이 된다.
  - 교통 인프라 : 지능화 교통관제 네트워크는 무인차 운행을 위한 중요한 연결점이다. 무인 전기차에 대한 정교한 운행 관제 서비스가 제공된다.

그림의 인터페이스 요소에서, 도로 인프라는 무인차가 다닐 만큼 충분히 지능화되어 있다고 가정하였다. 그림에서 타원형으로 식별된 각 대상 시스템들은 작은 타원 안에서 시스템 구성요소들과 상호관계를 만들고 다시 다른 대상시스템과 연계를 통해 새로운 전기 생태계를 만들어 내게 된다. 대상 시스템은 개발자의 주관에 따라 달리 정의할 수 있다.

그렇다면 이러한 관점이 기술개발 과정에서는 어떻게 적용되어 실제 시스템의 형태로 만들어지는지 살펴보자.

13 시스템을 만드는 기술개발 과정[58)]

자동차가 중심이 되는 전기 세상을 만들기 위해 어떠한 과정을 거쳐야 하는가? 이 질문은 다음과 같이 바꿀 수 있을 것 같다.

자동차 마이크로그리드라는 복합시스템을 엔지니어링 하기 위해서는 어떠한 기술개발 과정[59)]을 거쳐야 할까?

독자의 이해를 돕기 위해 기술용어를 가급적 사용하지 않도록 했지만, 설명과정에 부득이 기술용어를 사용할 경우 주석을 통해 좀 더 상세한 설명을 덧붙이고자 한다. 리안[60)]은 기술개발 과정 덕분에 다양한 분야의 전문가가 협업할 수 있다고 말한다. 그렇다면 기술개발 과정이란 어떻게 정의할 수 있을까? 한마디로 말하면 시스템을 개발하고 사용하고 버리는 과정이다. 시스템엔지니어링 표준에서는 이 과정을 다음과 같이 정의한다.

"한 시스템의 요구사항을 정의하고, 그 요구사항을 효과적인 제품으로 전환하며, 필요하면 해당 제품을 지속해서 재생산하고, 그 제품을 이용해서 요구되는 서비스를 제공하며, 서비스 제공이 끝나면 해당 제품을 폐기하는 데 사용된다."[61)]

---

58) INCOSE 핸드북 4.0에서 기술 과정 (Technical Process)로 표기하는 것 중에서, 문제를 정의하고 분해하는 과정만을 발췌하였다. 여기서 과정이란 '프로세스'를 우리말로 옮긴 것이다,

59) ISO/IEC/IEEE 15288 표준에서 제시된 기술개발 과정을 따른다. 물론 기술개발 과정 이외에도 프로젝트 계획과정, 기술관리 과정, 기술 분석과정 등 많은 과정이 필요하다.

60) Ryan, 2013, 그는 기술 과정이 사회의 기대와 법적 요구사항을 충족시키도록 하는 역할도 한다고 말한다. 그 덕분에 성능, 환경, 외부 인터페이스, 설계 관련 제약사항의 범위 내에서 원하는 수행능력을 발휘하기에 충분한 요구사항과 시스템 해법들이 생성된다. 기술개발 과정이 없으면 프로젝트 실패 위험이 수용할 수 없는 수준으로 높아진다.

61) ISO/IEC/IEEE 15288:2008

그렇다면 이 과정에서 시스템엔지니어는 무엇을 하는가에 대한 정의도 필요할 것이다. INCOSE 핸드북 4.0의 설명을 옮겨보자.

"시스템엔지니어가 엔지니어링 전문가, 기타 엔지니어링 분야, 시스템 이해관계자 및 운용자, 제조자 간의 상호작용을 조율할 수 있게 한다. 또한 사회의 기대와 법적 요구사항을 충족시키도록 하는 역할도 한다. 그 덕분에 성능, 환경, 외부 인터페이스, 설계 관련 제약사항의 범위 내에서, 원하는 수행능력을 발휘하기에 충분한 요구사항과 시스템 해법들이 생성된다."[62)]

더 이상의 설명이 필요 없는 간략한 업무 지침이고 타 분야의 전문가와 조율하고 협력하며 때로는 통섭의 능력까지도 갖추어야 하는 막중한 임무다. 만일 시스템엔지니어가 올바른 방향으로 시스템 개발을 이끌지 못하면 시스템 개발의 실패 위험이 수용할 수 없는 수준으로 높아진다.

문제 정의 및 분해 단계

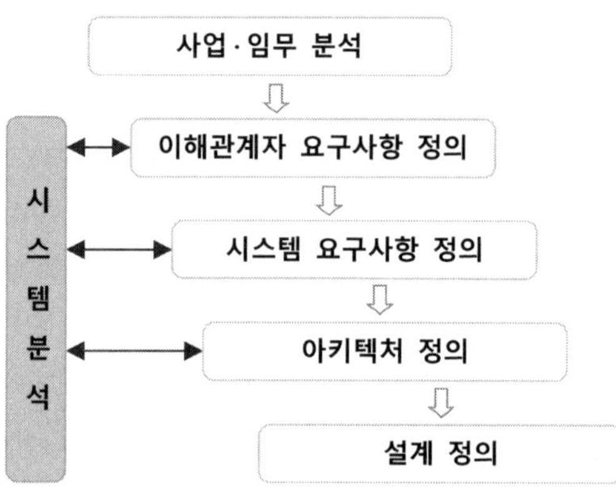

62) 한국 SE협회, "시스템엔지니어링", INCOSE Handbook Ver. 4.0의 번역본

기술개발의 과정은 크게 문제를 정의하는 부분과 문제를 해결하는 부분으로 나눌 수 있다. 내가 문제를 내고, 남들이 내 문제를 풀게 할 것인가, 아니면 남이 낸 문제를 내가 받아 풀기만 할 것인가는 사업의 선도자가 되느냐, 단지 추격자가 되느냐의 중요한 문제다. 이 절에서는 문제를 정의하고 분해하는 과정에 집중하고자 한다. 그중에서도 사업·임무를 분석하고, 이해관계자 요구사항을 정의하며, 시스템의 요구사항을 정의하여 최종적으로 설계 정의에 이르는 시스템 개발의 전(前) 단계에 초점을 맞춘다. 시스템 엔지니어링이 가장 필요한 부분이기도 하지만, 우리에게 있어 가장 취약한 부분이기 때문이다. 이와 함께 각 과정에 공통으로 적용되는 시스템 분석과정을 추가하였다.

가. 사업·임무[63] 분석

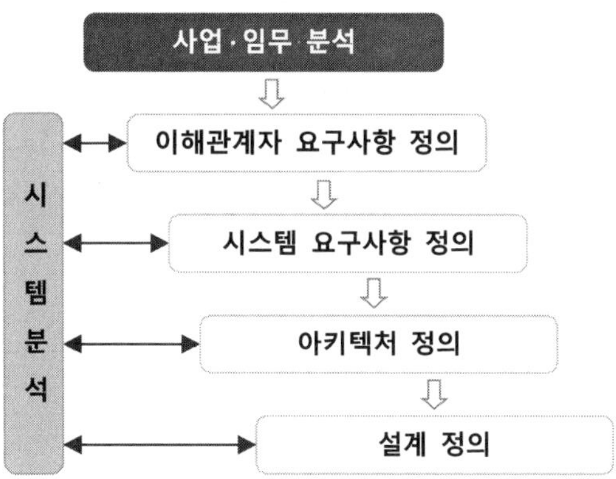

63) 원문에서는 Business Mission 으로 표기한 것을 우리말로 사업과 임무로 옮겼다.

자동차 마이크로그리드 시스템을 개발하기 위해서는 사업·임무 분석이 선행되어야 한다. 과연 이 사업에서 요구되는 임무와 필요성은 무엇인가를 먼저 생각해 보는 것이다. 또한 사업과 이에 따른 임무를 경영의 관점에서, 시스템이 개발되었을 때 이를 어떻게 획득하고, 배치하고, 사용을 지원한 후, 어떻게 폐기할 것인가에 대한 운영개념[64]을 수립하는 것도 필요하다.

다음의 글 상자는 사업요구사항 규격서의 목차를 예로 보여주고 있다. INCOSE 핸드북 4.0에서 사업요구사항 규격서가 소개되었으나 아직 작성 사례는 많지 않으므로 이 책에서 간략히 소개하고자 한다. 좋은 사업요구사항 규격서[65][66]는 프로젝트를 수행할 때, 고객의 요구를 만족하면서 동시에 회사의 투자 수익을 우선시하도록 한다. 또한 사업의 "운용환경"을 식별하고, 특정 시스템이나 서비스가 필요한 이유는 무엇인지, 어떤 사업 및 사용자 그룹을 대상으로 하고 있는지, 그리고 각 대상 그룹에 가장 중요한 것은 무엇인지를 우선순위별로 소개한다. 이와 함께 사업의 수행을 위한 주요 가정 사항과 제한 사항도 설명한다. 전기차 사업에 대한 주요 가정 사항을 살펴보면, 충전설비는 갖춰져 있는지, 그리드와 연결은 상시로 가능한지 등의 정의가 필요하다. 핵심 제한 사항으로는 배터리 생산자와 충전 네트워크를 들 수 있을 것이다. 수소차의 경우라면, 차량 대수의 증가에 따라 수소가 원활하게 공급될 수 있는지, 충전 인프라는 적절히 갖춰져 있는지 등이고, 제한사항으로는 아파트 단지 내에서 수소 충전이 가능한가 하는 문제 등으로 요약할 수 있겠다.

---

64) 운용개념 (Concept of Operation, CoNops)이 산업이나 사업경영 수준의 개념을 정리한 것이라면 운영개념 (Operational Concept, OpsCon)은 시스템 수준의 개념을 담고 있다고 정의한다.

65) Business Requirements Specification (Document) (BRS/BRD)

66) Queensland Department of Transport and Main Roads

사업요구사항 규격서

문서 목차[67]

1. 프로젝트 소개
    1.1 프로젝트 개요 및 배경
    1.2 프로젝트 의존성
    1.3 이해관계자
2. 핵심 가정사항 및 제한사항
3. 쓰임새도 및 설명
4. 사업 요구사항

부록 : 사업 과정 흐름도 및 규칙

예시된 목차에서, 쓰임새 도[68]는 이해관계자와 사업의 범위, 각 사업 단위의 기능 등을 한눈에 파악할 수 있는 좋은 도구이다. 시스템이 외부 시스템에게 제공하는 서비스를 표현하는 것이 특징이며, 단순한 그림으로 서비스 기능 간의 포함 관계를 나타낼 수 있다는 장점이 있다. 다만 서비스가 이뤄지는 순서나 제어 등의 구조를 표현하기 어렵다는 단점은 있다.[69]

1) 운영개념

MBC TV에서 방송되었던 "진짜 사나이"에서 김수로가 부사수역을 맡았던 K-9 자주포 탑승 편을 재미있게 보았다. 4박 5일의 자주포 체험을 다룬 것

---

67) New York University, Business Requirements Document
68) UseCase : 액터와 시스템 범위, 내부 서비스 (기능)의 연결 관계를 표현하는 UML 정적 모델 중 하나
69) IEEE Std 1362, IEEE Guide for Information Technology-System Definition Concept of Operation(ConOps) Document, 2007 참조 번역

인데, 놀라웠던 것은 짧은 시간에 진지까지 47톤의 자주포를 이동시키는 연예인들이었다. 우리에게는 북한의 연평도 포격 시 불타는 진지에서 K-9으로 대응 사격을 한 해병들의 강인함이 각인되어 있어 더욱 각별했다. 또한 40억 원이 넘는다는 이 육중한 자주포를 하루 이틀 정도의 교육 후에 연예인들이 조종할 수 있으리라고는 상상치 못했다. 프로그램에서 본 내용이 매우 인상 깊어서, 방사청 옥영호 교수님께 왜 전문 부사관이 아닌 병사들이 이 장비를 운용하는가도 물었다. 대답은 간결했다. 전투 장비의 운영개념을 생각해 보면 간단하다는 것이다. 전쟁이 발발하면 필연적으로 인명과 화기의 손실이 발생한다. 관건은 이를 얼마나 단기간에 회복하는가에 달렸다. 즉 전쟁이 일단 발발하면 얼마나 단시간에 병사를 훈련시키는가가 승패의 중요한 요소가 된다. 따라서 대부분의 육상 전투 장비는 장기간의 훈련을 받지 않아도 바로 운영할 수 있게 설계 개념을 수립하고 제작한다. 이 설명을 들으면서 나는 운영개념의 중요성을 다시 한 번 인식했다. 어떠한 환경하에서도 최소한의 교육만으로도 초기 운영이 가능하도록 하는 것이 K-9과 같은 육상 전투 장비에 주어진 운영개념이었던 것이다. 물론 초기 교육 이후에도 반복적인 훈련을 통해 좀 더 향상된 기량을 확보하는 것이 중요함을 부언할 필요는 없겠다.

운영 개념서는 시스템의 운영 특성을 최종 사용자 관점에서 작성한 사용자 중심의 문서이다. 시스템 개발에 있어서 운영 개념서는 향후 설계 및 의사결정에 있어서 매우 중요하다. 여러 문헌에서 운영 개념서를 작성하는 데 필요한 표준 사례를 제공하고 있으나 자동차 마이크로그리드 개발에 활용할 수 있는 최적화된 사례를 찾기는 힘들었다. 여러 다른 형태의 사례집이 제공되고 있으나 세부 과정, 모델링 방법, 등을 정하는 것뿐만 아니라 운영 개념서의 평가 기준도 아직은 마련되어 있지 않다.[70] 운영 개념서를 둘러싼 네 가지 요소를 좀 더 상세히 살펴보자.

70) 김진일 외, "3D 모델기반 디지털 협업 시스템" 운용개념 개발 방안 수립 사례, 시스템엔지니어링학회 학술지, Vol. 13, No. 2, 2017

- 서식[71] 선정 : 어떤 서식을 사용할 것인가? 또한 선정한 서식을 어떻게 자동차 마이크로그리드에 맞게 수정할 것인가?
- 개발 과정 : 어떤 접근법을 사용할 것인가? 세부 과정을 어떻게 정의할 것인가?
- 모델링의 적용 : 어느 정도로 모델링할 것인가? 어떤 다이어그램을 사용할 것인가?
- 확인 (validation) : 운용 개념서가 잘 개발되었음을 어떻게 확인할 것인가?

물론 자동차 마이크로그리드가 아직 실현되지 않은 필자의 상상 속 프로젝트이므로 참고할 만한 운영개념은 없다. 타 사업의 수행 사례를 참조하여 본 프로젝트의 운영 개념서를 작성하면 도움이 될 것이다. INCOSE 핸드북의 4.0판은 운용 개념서는 산업/조직 측면의 내용을 다루고, 운영 개념서는 사업·임무를 어떻게 달성하고 시스템을 어떻게 활용할 것인가를 사용자 입장에서 서술하도록 권고하고 있다. 그러나 다양한 분야의 운영/운용 개념서를 개발해본 국내전문가들에게 문의한 결과, 4.0판 이전에는 운용개념의 필요성이 별로 부각되지 않았고, 시스템엔지니어링 분야가 대부분 시스템 개발에 국한되어 운영개념을 주로 개발해 왔다고 답해 주었다.

사실 관련 표준[72][73]을 읽어봐도 IEEE-1362는 운용개념 (CoNops)으로, ANSI/AIAA는 운영개념(OpsCon)으로 달리 표기되지만 제시하는 서식은 거의 유사하다. 이 점을 고려할 때 아직까지 두 표준도 용어를 혼용하여 정의하고 있는 것 같다. 방위사업청에서 제시하는 운용개념(운영개념)[74] 역시 시스템 개발에 초점이 맞추어져 있다. 좀 더 이 문서의 내용을 살펴보자.

---

71) Template을 서식으로 옮겼다.
72) IEEE Std 1362, IEEE Guide for Information Technology-System Definition-Concept of Operation (Conops) Document, 2007 참조
73) ANSI/AIAA, Guide to the Preparation of Operational Concept Document, G-043A-2012, 2012.
74) 방위사업청에서는 운용개념으로 표기하고 있으나 여기서는 운영개념으로 통일화하여 옮긴다.

운영개념은 시스템 설계의 가장 상위수준에 존재하는 초기 요구사항 문건에서 시작된다. 시스템에서 초기 요구사항 문건은 RFP[75]나 개념설계 이전 단계에서 도출된 타당성 분석 결과, 목표 사양 등이 있다. 이 중에서 가장 상위수준인 동시에 임무 중심적인 시스템 요구사항을 찾는다. 이를 설계 의사결정 데이터베이스에 최상위 요구사항으로 등록한다.[76]

방위사업청에서 제시하는 운영개념은 다음과 같이 도식화할 수 있다.

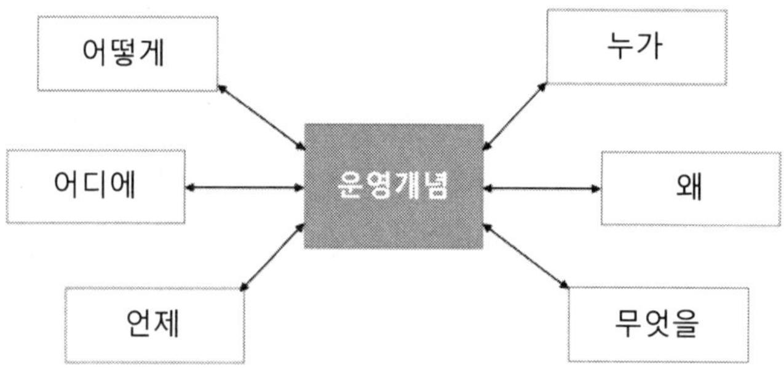

시계 방향으로부터 살펴보면, '누가' 자동차 마이크로그리드 사업에 관계하는가에 관한, '이해관계자 식별'이 필요하다. 다음은 '왜' 이 사업이 필요한지를 정의한다. 다음은 이 시스템과 관련한 요소와 이 시스템이 갖추어야 할 능력은 '무엇'인가를 정한다. 이 시스템이 가능하기 위해 수행되어야 하는 각종 활동들은 '언제', 어떤 순서로 진행되어야 할지를 정하는 것도 필요하다. 서비스 네트워크를 구성하고 마이크로그리드를 도입할 것인지? 그 반대의 순서도 가능한지를 결정하는 것이다. 또한 이 시스템이 물리적으로 배

75) RFP: 제안 요청서, Request for Proposal
76) 체계공학 업무편람(안), 방위사업청

치될 공간도 고려해야 한다. 아파트 단지가 대상이라면 몇 가구 이상의 아파트를 대상으로 해야 경제적인가 등을 고려하는 것이다. 마지막으로 생각할 것은 '어떻게'다. 이 시스템을 설계하고 구현하는 데 어떠한 자원이 필요한지도 알아야 하기 때문이다.

운영개념은 규격을 결정하는 초기 단계에서 시스템을 사용하게 될 최종사용자의 운용 요구사항을 아주 명확하게 이해하기 위해 활용하는 의사소통 도구다. 이해관계자는 누가 될 것인지를 식별하고 시스템의 상위 수준을 정의하는 데도 사용된다. 또한 주요한 사용자 집단과 그들의 활동을 식별하는 데도 사용할 수 있다.

자동차 마이크로그리드에 대한 쓰임새 도(Use Case Diagram) 역시 주요 이해관계자와 각 이해관계자가 중요하게 생각하는 상위 수준의 서비스를 정의하는 데 사용된다. 이 쓰임새 도에서 자동차를 이용하는 집단과 마이크로그리드를 사용하는 집단이 각각 어떠한 활동을 통해 이익을 얻을 수 있겠는가를 식별하는 것도 필요하다.

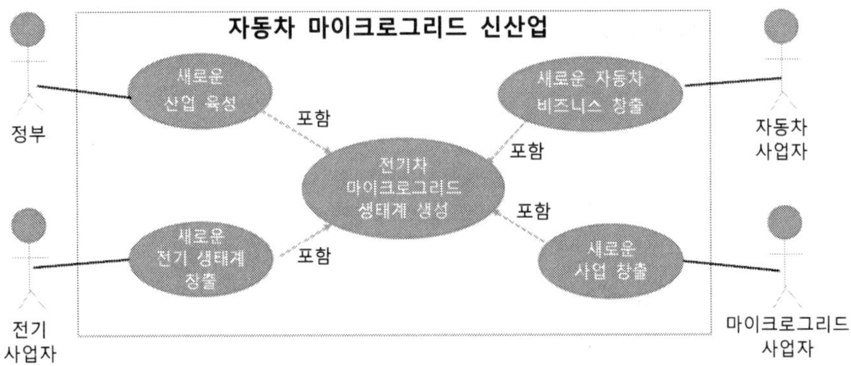

다음의 표는 자동차 마이크로그리드에 활용할 수 있도록, 참조 논문으로부터 인용된 목차이다. 인용된 참조 논문 역시 IEEE1362를 기준으로, 개발 대상 시스템에 맞게 일부 항목을 삭제하였다. 위의 목차에서 알 수 있듯이 기존 시스템 또는 상황에 대한 내용과 제안 시스템의 개념, 그리고 변경 영향 및 제안 시스템 분석에 대한 내용으로 구성됨을 알 수 있다.

1. 범위 : 식별, 문서 개요, 시스템 개요	5.1 배경, 목적 및 범위
2. 참조 문서	5.2 운용 정책 및 제약사항
3. 기존 시스템 또는 상황	5.3 제안 시스템 개요
3.1 현재 시스템 또는 상황에 대한 설명	5.4 운용 모드
3.2 현재 시스템 또는 상황에 대한 운용 모드	5.5 사용자 및 기타 관여자
3.3 사용자 및 기타 관여자	5.6 지원 환경
3.4 지원 환경	6. 운용 시나리오
4. 변화의 필요성 및 내용	7. 변경 영향 요약
4.1 변화의 필요성	7.1 운용상의 영향
4.2 필요한 변화	8. 제안 시스템 분석
5. 제안 시스템 개념	8.1 개선 내용 요약
	8.2 손해 및 한계
	9. 기타 사항
	부록/용어

2) 운영개념 가시화

운영개념은 사업에 참여하는 모든 조직과 인력이 공통의 이해를 할 수 있도록, 표현하고자 하는 시스템/서비스의 특징이나 특성에 따라 다양한 모델을 이용하게 된다. 시스템의 기능과 기능 간의 데이터 전달은 '데이터 흐름도'를 이용하고, 기능을 수행하기 위한 입출력이나 통제 사항 등은 'IDEF 0[77)]'를 이용한다. 시간에 따른 기능의 흐름은 '증강된 기능 흐름 블록도

(EFFBD)[78]'를 이용해 표기하며, 기능의 수행순서와 기능 간의 데이터 흐름은 데이터 흐름도(DFD)[79]를, 제어 논리와 논리 결정사항 등은 '활동도[80]'를 주로 이용한다. 또한 시간에 따른 제어의 흐름은 '시컨스도[81]'를 쓰고, 상태의 전환이나 변화는 상태천이도[82]를 쓴다. 위에서 사용한 쓰임새도도 많이 사용된다.

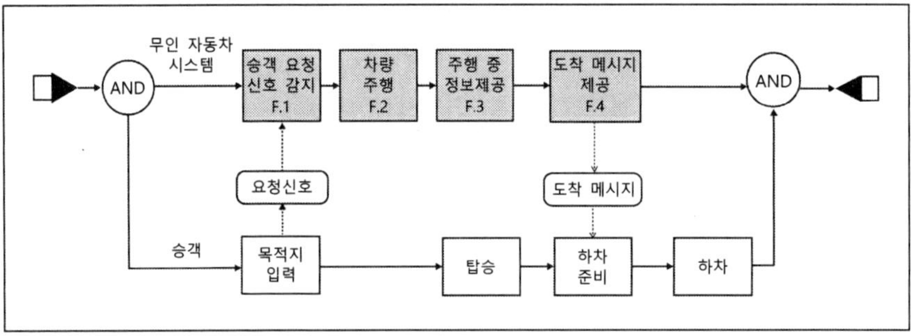

위의 그림은 무인 자동차에 승객이 탑승하여 목적지에 도착하여 하차할 때까지의 과정을 증강 기능 흐름 블록도로 표현하여 본 것이다. AND 논리와 사각으로 표현된 기능을 이용하여 전체의 흐름을 간략하게 표현할 수 있다. 이 블록도는 소프트웨어 공학 도구를 이용하여 분석할 경우, 기능 흐름의 오류와 전체 기능수행에 걸리는 시간을 계산해 주기도 한다. 단, 시간의 단위는 제공되지 않는다.

77) Integrated Definition for Function Modeling : 원 뜻은 통합 컴퓨터 지원 생산 정의를 위한 기능 모델
78) Enhanced Functional Flow Block Diagram : 증강 기능흐름 블록도
79) Data Flow Diagram : 데이터 흐름도
80) Activity Diagram : 활동도
81) Sequence Diagram : 시컨스도
82) State Transition Diagram : 상태천이도

절충 연구 과정은 잘 정의된 "가치 시스템[83]"에 대한 명확한 이해를 기반으로 좋은 결정을 내릴 수 있도록 한다. 여기서 가치 시스템이란, 산업 내의 각 기업 활동은 가치 사슬로 연결되어 있고 이 가치 사슬들이 시스템처럼 모여 산업의 가치를 창출하는 것을 의미한다. 절충 연구를 통해, 가장 최선인 '설계 개념'을 선정한다. 실현 가능한 해결책 후보로 인정받기 위해, 후보가 반드시 충족해야 할 실제의 요구사항이 있다. 이를 종종 성능에 중점을 둔 파라미터라 부른다. 비용은 대안 선정 시 공통으로 사용되는 파라미터이고, 이외에도 각종 성능 파라미터들이 포함된다.

자 이제 자동차 마이크로그리드를 전기차를 대상으로 할 것인가? 수소차로 할 것인가를 분석하여 하나의 차종을 결정해야 할 때가 왔다. 2장에서 각 차종의 다양한 장단점, 그리고 이 차종들을 선택했을 때 따라오는 많은 기회와 위기를 얘기했다. 이러한 정보를 기반으로 하나의 대안을 결정해 보자.

3) 마이크로그리드를 위한 후보 차종 결정

많은 논문과 블로그들이 전기차인가, 아니면 수소차 진영에 서야 하는가를 두고 혼전을 벌이고 있다. 마치 80년대 벌어졌던 가정용 비디오의 표준 형식을 VHS로 할 것이냐 베타 방식으로 할 것인가와 유사하다. 결국 JVC가 제안한 VHS 방식이 승리를 거두어 소니가 제안한 베타를 이기고 20년간 시장을 석권했지만 2018년 현재 이 형식의 비디오 플레이어를 쓰는 가정은 거의 없을 것이다. 어느 진영에 설 것인가? 양 진영에 일단 발을 담글 것인가? 참 어려운 문제다. 여기 전기차와 수소차가 가진 특성을 분석한 흥미 있는 논문[84]이 한편 있기에 소개한다. 본 분석의 시점은 현재이므로 이 책에서 거론하고 있는 2040년의 예측과는 차이가 있음을 먼저 밝힌다. 또한 논

83) 사회 내에 존재하는 달성된 가치, 규범 및 목표를 가진 시스템 -미리엄 웹스터 사전
84) The Battle between Battery and Fuel Cell Powered Electric Vehicles: A BWM Approach Geerten van de Kaa외, Energies-MDPI, 2017. 10

문의 분석은 자동차에 한정되고 마이크로그리드로 확장되는 점에 대해서는 전혀 고려하지 않은 것도 참고해야 할 점이다.

비교 인자	전기차	수소차
재정의 건전성	0.065	0.021
브랜드의 신뢰도 및 명성	0.087	0.039
학습에 의한 선호도*	0.037	0.022
기술의 우월성	0.093	0.066
양립성*	0.112	0.038
대체재 여부	0.041	0.017
가격 정책	0.067	0.023
시장 소통 능력	0.039	0.011
조직의 기술 중요시 여부	0.048	0.017
규제자	0.054	0.016
이해관계자 네트워크	0.065	0.020
전체	**0.709**	**0.291**

이 논문에서의 주안점은 현대차와 BMW, 토요타, 혼다, GM, 르노, 니싼, 미쓰비시 등이 벌이는 수백억 유로의 미래 자동차 시장을 누가 선점할 것인가다. 이 논문에서는 다변수 의사결정 방법을 이용해 분석을 진행했으며, 배터리를 이용한 전기차가 승리할 확률이 매우 높다고 결론지었다. 그러면서도 앞으로 경험이 축적되면 이 결정을 끌어내는 데 사용했던 핵심 요소들에 대한 추가적인 설명이 가능할 것이라는 점을 덧붙임으로써 이 예측 역시 경험

지식에 의한 것이 아니라 추측과 예측에 의한 것임을 밝히고 있다. 이 논문에서 저자들이 사용한 팩트와 결과를 정리해 보면 위의 표와 같다. 이 중 설명이 필요한 항목이 학습에 의한 선호도 (Learning Orientation)이다. 특정기술에 대한 연구개발을 수행했지만, 경쟁에서 실패했던 경험이 가져오는 인자 정도로 해석될 수 있겠다. 또 하나는 양립성이다. 기존 시설을 가지고 생산이 가능한 차종인가 아닌가가 이 양립성의 한 예로 설명될 수 있을 것이다.

이 논문에서 사용한 다변수 의사결정에서 가장 중요한 점은 과연 어떤 요소가 높은 중요도를 가지고 있는가를 결정하는 것이다. 이 논문은 주요 결정인자를 다음과 같이 설정했다.

주요 결정인자	세부 고려 인자	중요도
특정 차종에 대한 참여회사의 특징	참여사 재정 건전성 브랜드 신뢰도 및 명성 학습에 의한 선호도	0.401
차종의 특징	기술 우월성 양립성	0.353
특정 차종 지원에 대한 전략	가격 정책 시장 소통 능력	0.286
이해관계자	규제자 이해관계자 네트워크	0.085

특정 차종을 어느 회사가 지지하고 있으며 특히 그 회사의 재정과 브랜드 명성이 어느 정도인가는 전기차와 수소차의 진영을 결정하는 주요 인자로, 가중치가 40%에 이른다. 그 다음이 차종의 특징이나 차종 지원에 대한 전략이 뒤를 잇지만, 이해관계의 의견은 10% 미만의 가중치만을 가지고 있는 것으로 조사되었다. 이 논문에서는, 전기차가 70% 정도의 우위를 점하고 수소차는 30% 정도의 우위를 갖는다고 평가했다. 각 결정인자와 세부 인자에 대한 중요도를 결정하기 위해, 18명의 전문가가 각자의 견해대로 가중치를 부여하였다. 위의 표에 나타난 중요도는 세부 고려 인자별 가중치가 고려된 결과이다.

기르텐 등이 발표한 위 논문은 자동차 산업의 플랫폼 전략을 검토하는 데 초점이 맞추어져 있으나, 나는 자동차를 마이크로그리드의 플랫폼으로 활용하여 전기를 자급하는 체계로 만들 수 있는가에 더 관심이 있다. 위의 참고 논문이 18명의 전문가에게 설문을 돌리고 이를 취합하는 델파이 기법[85]으로 예측을 진행했다면, 이 책에서는 저자의 주관적 판단에 의해 직관적 예측을 진행했다는 점에서 큰 차이가 있다. 다만 완전한 주관적 관점은 아니고 수집 가능한 자료를 분석한 결과를 반영했다는 점에서는 약간의 객관성도 포함되지 않았을까? 스스로 위안해 본다. 누군가가 자동차 마이크로그리드를 대상으로 이러한 예측을 선행했으리라고 생각되지만, 인터넷 공간에서는 얻을 수 없었기에 이를 반영 못 함을 아쉽게 생각한다.

자 그럼, 자동차 마이크로그리드를 전기차와 수소차 중 어느 차종으로 구현할 것인가를 분석해 보자. 아래의 표에서 평가 척도는 가장 나쁨 단계를 0으로 하고 가장 좋은 단계를 5로 하여 일정한 분포가 유지되도록 하였다.

85) 여러 전문가를 대상으로 반복적인 설문을 통해 전문가들의 의견을 수집, 교환하고 제시된 의견을 발전시켜 나가는 예측방법의 하나.

주요 결정인자	전기차 (배터리)	수소차 (연료전지)	가중치	항목 점수	
				전기차	수소차
매출 규모	5	5	0.05	0.25	0.25
플랫폼 사업의 확산 가능성	4	5	0.08	0.32	0.32
초기투자 비용	5	4	0.08	0.40	0.32
투자 수익	4	5	0.05	0.20	0.25
기술의 우월성	4	5	0.08	0.32	0.40
기존 체계와의 양립성	5	4	0.05	0.25	0.20
전기 품질 (주, 야간)	**2**	**5**	**0.20**	**0.40**	**1**
운용의 편리성	5	4	0.05	0.25	0.20
사업 확산 가능성(전국 단위)	5	5	0.08	0.40	0.40
지원 네트워크 구성 용이성	5	4	0.05	0.25	0.20
이해관계자 수용성	**5**	**3**	**0.10**	**0.50**	**0.30**
제품 수명주기	4	5	0.05	0.20	0.25
기술의 발전 가능성	**4**	**5**	**0.08**	**0.32**	**0.40**
계			1	4.06	4.49

자동차를 플랫폼으로 해서 마이크로그리드를 만들 때 가장 중요한 항목은 전기를 안정적으로 공급할 수 있는가이다. 배터리를 이용한 마이크로그리드는 전기의 공급요청 시간 대역과 자동차 배터리 충전 시간이 겹칠 가능성이 커 한전의 기존 배전망과 연결하지 않고 독립적으로 전력 품질을 높게 유지하기가 어렵다. 반면 수소차는 차량에 수소를 충전하는 설비가 대단위 아파트나 직장 내에 설치되어 충전시간과 충전에 필요한 동선을 단축할 수 있는지 여부가 매우 중요한 과제다. 하지만 많은 경험사례가 말해 주듯 주민을 설득하여 수소 충전설비를 설치하는 것은 결코 쉬운 일이 아니다.

이와 같은 점들을 가중치까지 부여하여 본인이 판단한 결과는, 수소차가 근소한 우위를 점하는 것으로 나왔다. 여러분도 한번 점수를 매겨보기 바란다. 아마도 필자와는 다른 결과와 점수가 나올 것이다. 또한 관점에 따라 주요결정 인자와 가중치까지 바꿀 경우 완전히 다른 결과가 나올 수도 있을 것이다. 분석을 여러 단계로 나누고 정량적 요소와 정성적 요소를 모두 고려하여 분석하는 분석적 계층화 방법[86]을 지원하는 여러 소프트웨어도 인터넷 상에서 무료로 사용할 수 있으니 한 번 시도해 보기 바란다.

위에 표기된 정성적 평가 척도 이외에도 정량적으로 후보 차종을 평가할 수도 있다. 이럴 때 많이 쓰이는 정량적 평가의 주된 척도는 설비를 설치하는데 드는 비용이다. 특히 경제적 타당성은 편익 대 비용뿐만 아니라 순현재가치(NPV)나 내부 수익률(IRR) 등을 이용하여 평가할 수 있다. 이에 대한 상세한 설명이 참고 보고서[87]에 나와 있다. 이 중 몇 가지 정량적 비교 항목을 예로 소개하면 다음과 같다. 여기서 주목할 것은 수익률인데, 아파트 단지의 특성상 최초 수익이 발생하는데 많은 시간이 걸리지 않는다는 것이 보장되면 투자를 유치하는 데 유리하므로 년 수익률뿐만 아니라 몇 년 이내에 수익을 보장할 것인지도 이해관계자를 설득하는데 중요한 요소로 작용할 것이다.

대안 정량적 평가 항목	척도	설명 (예시)
설비비	kW/원	kW 당 설비비를 계산
경제적 타당성	B/C〉1	편익(B) 대 비용(C) 산정
생산단가	kWh/원	kW 당 발전 단가
수익성	%	년 수익률, Y년 이내 수익 보장 여부

86) AHP : Analytic Hierarchy Process
87) 에너지경제연구원, 전력공기업 국내외 투자사업 적정성 검토 및 개선사항 발굴, 2016. 3, 산업통상자원부 발간

필자의 아파트에는 940세대 가구가 산다. 지하 주차장과 지상 주차장이 항상 차로 붐비는 것으로 보아 가구당 2대 정도의 차량을 소유하고 있는 것으로 보인다. 940가구가 2대씩 수소차를 보유하고 있고, 차 한 대의 발전용량을 10 kW정도로 계산[88]한다면, 가동률을 30%로 했을 때 약 5.88 MW의 발전이 가능하다는 결론에 도달한다. 아파트에 모든 가족이 모이는 저녁 시간에 가구당 3 kW의 최대 전력을 사용한다고 가정하면 약 2.9 MW의 전력이 필요하므로 이때에도 2.7 MW는 판매가 가능하다.

경제적 타당성을 좀 더 구체적으로 계산해 보자. 2018년 6월 아파트 가구당 평균 전력 사용량은 평당 기준 10 kWh 였다. 24평 아파트를 기준으로 약 240 kWh의 전력을 사용하였고, 1 kWh당 약 100원을 한전에 지불하였다. 이 정보를 토대로 위의 계산을 다시 해 보면 다음과 같은 경제적 타당성이 있음을 알 수 있다.

<table>
<tr><th>정량적 평가 항목</th><th>세부 항목</th><th>설명</th></tr>
<tr><td rowspan="4">경제적 타당성의 가정 :
▪ 940가구 아파트 기준
▪ 가구당 수소차 2대
▪ 가동률 30%
▪ 하루 8시간 발전</td><td>전력 생산량
= 1,344,000 kWh</td><td>5,880 kW * 8시간 발전/일 * 30일/월 = 1,411,200 kWh</td></tr>
<tr><td>아파트 전력 소비량
= 328,000 kWh</td><td>328,000 kWh</td></tr>
<tr><td>외부 판매 전력량
= 1,083,200 kWh</td><td>1,411,200 kWh – 328,000 · kWh (2018년 6월 기준, 대략 수치임)</td></tr>
<tr><td>외부 판매금액 (100원 기준/kWh)=108,320,000원</td><td>108,320,000원</td></tr>
</table>

88) EBS 비욘드 프로그램에서 현대자동차 직원의 설명을 참조한 용량이다.

간단한 손 계산을 통해서도 약 1억 원 이상의 판매수익이 수소차를 통해서 나옴을 알 수 있다. 전력 수요관점에서 보면 하루 발전량을 8시간에서 주야간 발전으로 늘리고, 가동률을 50%로 높일 경우 이 수치는 더욱 늘어난다. 특히 현재의 누진율보다 kWh 단가를 더 높이 책정하면 경제적 타당성 항목이 더욱 늘어난다. 물론 발전 가능 시간은 차량의 내구성과 정비성과도 연관이 되므로 이를 모두 평가 항목에 넣어 계산하면 최적의 정량적 평가 수치가 나온다. 앞으로 차량 공유 사업이 활성화되고 무인 차량이 지배하는 세상이 오면, 차량의 공유를 통한 신산업이 또 하나 생겨날 수 있으므로 이를 통해 수익은 더욱 극대화할 것이다.

각 후보 해결책이 충분히 개발되었으면 이제 선정의 기준이 되는 값을 평가할 수 있다. 현대·기아차에서 발표한 수소 연료전지차 개발 효과를 소개한 자료가 있어 소개한다. 수소 가격이 2015년 2,500원/kg (세전 금액)을 기준으로 했을 때 수소연료전지차는 km당 25원이 소요되는 반면, 리터당 10 km의 연비를 보이는 휘발유 중형차는 150원이 소요되어 경제성 측면에서 우수한 것으로 전망하였다. 물론 현재 CO_2 배출량 140~240(g/km)인 휘발유 내연기관 자동차와는 달리, 수소차에서는 CO_2 가 배출되지 않는 것으로 평가되었다.[89]

아무튼 본 사업·임무 분석 과정을 통한 후보 차종 분석 결과를 바탕으로 나는 2040년의 마이크로그리드는 수소차가 주도할 것이라는데 한 표를 던지기로 했다. 이제 수소차 마이크로그리드를 가지고 이해관계자 관점에서 마이크로그리드를 바라보자.

89) 임태원, 현대-기아 수소연료전지자동차, 2008. 11

나. 이해관계자 요구사항 정의

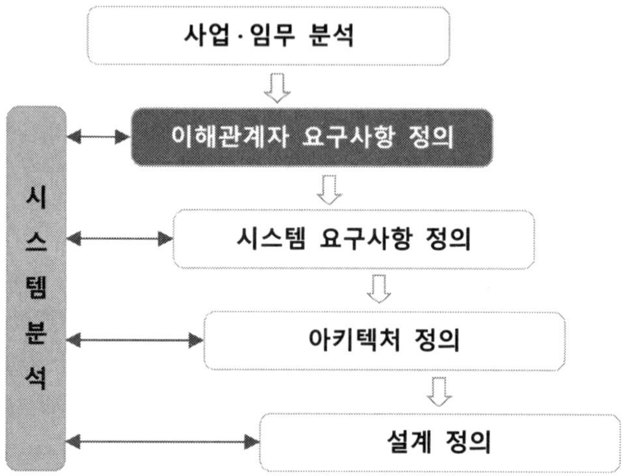

사업에 대한 이해관계자 관점에서 가장 중요한 것은 시스템에 대한 개념을 수립하여 이해관계자 요구사항으로 변환하는 것이다. 이 과정은 탐색 연구와 개념 선택을 통해 문제를 정의하는 것으로 종종 표현된다. 물론 관점은 이해관계자이고 시스템에 이해관계를 가진 모든 사람이 원하는 것과 기대하는 것을 알아내어 필요성으로 변환한다. 이러한 필요성은 다음 단계인 개발 단계의 입력으로 사용되어 요구사항 분석 과정과 아키텍처 설계 과정을 거쳐 물리적인 시스템으로 정의된다. 요구사항 분석이 분석가의 일이라면 아키텍처 설계는 설계자의 몫이다. 다음의 표는 요구사항을 둘러싼 계층과 영역과 그 영역을 바라보는 관점, 그리고 주된 활동 내용을 나타낸다.

요구사항 계층	영역	관점	내용
이해관계자 요구사항	문제 정의	이해관계자	사용자가 시스템 사용 시 무엇을 원 하는가
요구사항 분석	문제 해결	분석가	이해관계자의 요구사항을 충족하기 위해 시스템은 무엇을 해야 하는가
아키텍처 설계	문제 해결	설계자	시스템 요구사항을 충족하기 위해 어떻게 설계해야 하는가

"사람들은 문제의 해결이 가장 어려운 인생의 모험인 듯 도전하지만, 자신이 매달리는 그 문제란 더 험난한 길 속에서 누군가 창안해 낸 문제라는 것은 종종 잊는다."[90)]

차량의 이해관계자는 누구일까? 단순화시킨다면 전 국민이고 세계인이다. 인구 2.3명당 한 대의 차량을 보유한 대한민국에서 교육만큼이나 보편적인 이슈는 자동차다. 전기는 어떤가? 누구나 전기를 사용하므로 전 국민이 이해관계자가 될까? 전기라는 요소는 이미 공기나 물과 같이 언제나 있어야 하는 필수재이기 때문에 좀 더 문제를 단순화시킨다면 이해관계자층이 넓지 않다. 그렇지만 대단위 아파트 단지에서 수소차로 상시 발전을 하고 이를 전력망으로 송전한다는 계획을 실행한다면 문제는 달라진다. 수소차가 아무리 친환경적이라고 해도 단지 내에 수소차가 이동하면서 내는 소음과 분진, 냄새, 그리고 수소 하면 떠오르는 폭발의 공포 등에서 벗어날 국민은 없기 때문이다.

---

90) 서강대 서동욱 교수가 서울신문에 기고한 '문제를 만들어 내는 능력'의 글에 깊이 공감했기에 여기에 옮겨본다. 2017년 10월 14일자

통상 천연가스 (CNG) 버스는 300기압 정도로 가압한 액체 천연가스를 싣고 다닌다. 수소차는 이보다 2배 이상 높은 700기압 정도로 가압된 수소를 사용한다, 수소는 공기보다 가벼워 누출 즉시 대기로 날아가고 높은 압력의 액체 수소는 소염(消焰)효과도 있어 외부 화재 등에도 비교적 안전하다는 평이다. 그러나 이 같은 사실이 대중에게 알려지기 위해서는 좀 더 적극적인 소통이 필요하다. 현대차의 수소차 홍보영상은 참 신선했다. 에너지를 소비하던 차량이 에너지 생산에 참여하는 것. 바로 리프킨이 얘기하던 수소 혁명이다. 이해관계자 요구사항을 분석하기 위해서는 일반적으로 다음과 같은 절차를 거친다. 이 과정은 선행과정인 사업·임무 정의과정의 출력을 입력으로 사용한다.

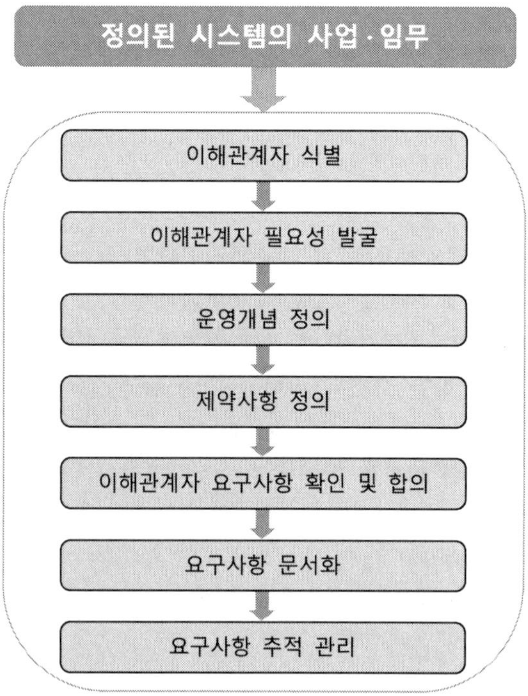

수소차 마이크로그리드의 성공은 수명주기 동안 이해관계자들이 무엇을 필요로 하고 무엇을 기대하는지를 파악하여 이를 충족시킬 수 있는가에 달려있다. 여기서 첫 번째로 고려해야 할 사항은 이 시스템에 정당한 이해관계를 가진 개인 혹은 조직이 누구인가이다. 이해관계자들을 식별한 후에는 이해관계자 필요성을 발굴한다. 이런 필요성을 분석하여 이해관계자 요구사항으로 변환한다. 이 요구사항은 시스템의 운용을 통해 어떠한 효과를 발휘할 것인가? 운영을 위한 환경조건과 지원 환경과는 어떻게 상호 작용하는가를 확인할 수 있는 능력의 판단기준이 된다.

다음은 운영개념 정의다. 이는 모든 수명주기 단계에서 시스템을 어떻게 사용할 것인가를 개념적으로 이해하고 시나리오로 작성해 보는 것이다. 대상 시스템에 따라서는 적합한 다이어그램을 사용하는 것도 바람직하다. 즉, 수소차 마이크로그리드를 어떻게 제작할 것인지, 어떻게 배치하고 운영할 것인지, 어떻게 지원체계를 구축하고 수명이 끝난 다음에는 어떻게 버릴 것인지를 고민해야 한다.

프로젝트 제약사항은 다음의 두 가지 형태로 주어진다. 경영진이 내린 의사결정 내용과 프로젝트의 예산과 비용에 대한 제약사항이 첫 번째다. 두 번째는 수소차 마이크로그리드를 둘러싼 기술적 결정사항이다. 전압은 어떻게 할 것인가? 또는 직류 배전을 할 것인가? 교류 배전을 할 것인가 등도 포함될 수 있다. 이 밖에 이 시스템과 상호 운용될 기존 시스템들과의 인터페이스 문제도 중요하다. 이렇듯 제약사항은 불가피한 요구사항들을 정의하는 것이다.

수집된 요구사항은 이해관계자 요구사항 확인 및 합의 절차를 거쳐 이해관계자 요구사항으로 확정된다. 이를 문서화한 것이 이해관계자 요구사항 규격서다. 이해관계자 요구사항 규격서[91](StRS) 초안을 작성하여 이해관계자 요구사항을 공식 대변하는 것이다. 이 규격서는 정의된 이해관계자 요구사항 및 사업 요구사항 규격서[92](BRS)와 연결되도록 작성해야 한다. 이 과정이 규격서의 추적성 관리[93]다.

---

91) StRS : Stakeholder Requirements Specification
92) BRS : Business Requirements Specification

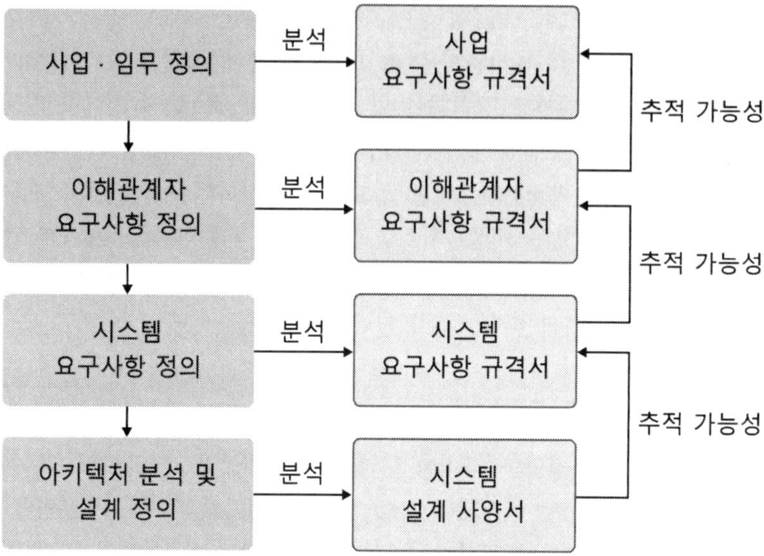

자 이해관계자 요구사항 정의를 둘러싼 각 세부 절차가 정해졌으니 좀 더 상세하게 각 절차별로 무엇을 할 것인가를 생각해 보자.

1) 이해관계자 식별

1천 세대 이상의 아파트 단지에 수소차 마이크로그리드 시스템을 설치한다고 하자. 주민은 시스템의 사용자가 되고 아파트 관리사무소는 운영자가 된다. 또한 이 시스템을 어떻게 구현할 것인가를 결정하는 의사결정 조직이 식별된다. 그뿐만 아니라, 아파트 단지 내 수소차를 주차하고, 이에 수소를

---

93) 추적성 관리는 상위 문서에서 정한 사항이 하위문서에도 명확하게 기술되어 있는지를 확인하는데 쓰인다. 통상적으로 하위문서의 요구사항을 분해하여 상위문서에 그 근거가 있는지를 역 추적한다. 상위문서의 요구사항이 하위문서에서 다루고 있지 않으면 시스템 개발에 위험도를 높인다. 반면에 상위문서에서 요구하지 않은 사항이 하위문서에서 다뤄진다면 이는 비용 상승의 요인이 된다.

공급하고 충전하는 모든 과정에는 정부와 지방 자치단체가 규제자가 된다. 물론 소방서 등은 안전성을 진단한다. 이와 함께 이 시스템을 개발하는 회사와, 마이크로그리드 네트워크를 원활히 운영하는 데 필수적인 IT[94] 서비스 등의 지원조직도 있다. 이해관계자의 범위를 사회 전체로 확장할 경우, 모든 국민이 사업의 성공에 옹호세력이 될 것인지 또는 비판 세력이 될 것인지도 중요하다. 이렇듯 이해관계자를 식별하는 것은 보통 어려운 일이 아니다.

이해관계자 식별은 시스템 개발과 이해관계가 있는 개인 또는 조직을 선정하는 것이다. 이해관계자에는 상호운용 시스템이나 지원 시스템도 포함시킨다. 수소차의 경우 상호운용 시스템으로는 한전 배전시스템이 포함되고 지원 시스템으로는 수소를 저장, 수송, 충전하는 시스템이 포함된다. 이러한 상호운영 및 지원 시스템도 제한사항을 부과한다. 사업·임무 분석 과정과 이해관계자 요구사항 정의 과정에서 식별하는 이해관계자가 다음의 그림과 같이 다른데 이는 경영자의 관점과 사업운영 수준에서 실무자가 보는 시각이 다르기 때문이다.

즉, 사업 전반의 큰 포석은 경영자가 깔아 놓고, 이 포석 하에서 실무자가 시스템 개발을 원활하게 수행하기 위한 수를 놓는 것, 이것이 바로 두 기술개발 과정에서 달리 식별되는 것이다. 물론 사업·임무 분석과정에서 식별된 사업 수준의 이해관계자 역시 시스템 수준의 이해관계자와 통합 식별되어 요구사항 분석과 요구사항 발굴의 과정을 거친다.

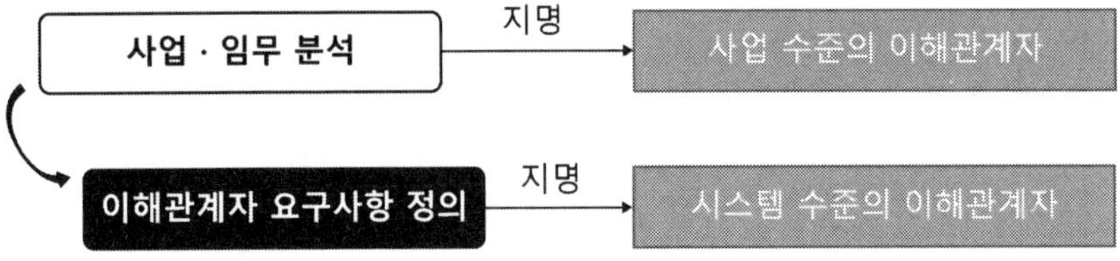

94) Information Technology

관점	과정 활동	식별 이해관계자
사업수준의 이해관계자	사업·임무 분석	정부 (법령 제정, 상위규제), 공기업 경영진(사업 파트너, 조력자, 인프라 제공자) 은행 (자금 조달)
시스템 수준의 이해관계자	이해관계자 요구사항 분석	수소차 구매자 아파트 입주민 (관리소) 마이크로그리드 개발 실무책임자 규제 실무자 (도로, 전력인프라, 아파트 관리, 지방정부 등) 비 소비자 (수소 충전소 반대자) 수소 차량 반대자

위의 표는 가상적으로 식별해본 이해관계자가 나타나 있다. 관점은 수소차 마이크로그리드 시스템의 생산으로 한정한다.

수소는 생산지로부터 파이프라인을 통해 소비자 밀집 인근 지역까지 공급된다고 가정한다. 종단의 수소 가스 충전소는 분배 관을 통해 직접 공급받거나 대형 탱크로리 차량으로 운송한다. 여기서 수소 충전소 설립을 반대하는 비소비자 층이 식별된다. 수소 가스 충전소를 아파트에 사는 주민들이 쉽게 받아들일 것인가는 이 사업의 수익성과 운영의 편의성 모두에 큰 영향을 준다. 여기에 대안이 존재한다. 주간에 직장에서 수소를 충전하는 것이다. 이럴 경우, 수소차 마이크로그리드의 비 소비자인 수소 충전소 반대자의 의견을 자연스럽게 해결하여 시스템 수준의 개발을 쉽게 할 수 있다.

■ 이해관계자 요구사항 정의를 둘러싼 실패사례

사례 1 :

대표적인 이해관계자 식별 실패는 밀양 송전탑 건설의 사례에서 찾을 수 있다. 이 송전탑은 신고리 원전 3, 4호기에서 생산된 전기를 보내기 위해 가동 이전에 세워져야 했다. 통상 발전소 건설은 한수원이, 송전은 한전이 책임을 맡는다. 이 탑의 건설을 둘러싼 시위는 2008년 7월에 시작되었다. 문제는 2001년 5월에 한전이 송전선로 경유지를 선정할 때부터 2005년 8월 한전이 주민설명회를 개최할 때까지 지역 주민이 이해관계자에 포함되지 않았다는 사실이다. 물론 2007년 11월 정부가 송전선로의 건설 사업을 승인할 때도 주민은 이해관계자가 아니었다. 물론 그들의 필요성은 발굴도 반영도 되지 않았다. 일부 시민은 송전탑에 자신의 목을 묶은 채 시위를 이어갔고 송전탑 설치에 찬성하는 측과 반대하는 측의 반목도 극에 달해, 일부 주민은 "주민 갈등이 투쟁보다 힘들다"는 얘기를 하는 지경에 이르렀다. 그렇다면 우리는 이 사건에서 어떤 교훈을 얻어야 하는가? 국책사업이라며 공권력을 동원하고 보상을 통해 일방적으로 지원하는 방법으로는 이해관계자의 동의를 얻기가 불가능하다. 처음부터 그들을 이해관계자에 포함하고 차근차근 일을 진행하는 것이 21세기에 사업을 올바로 진행하는 바른 길이 아닐까 한다.

사례 2 :

필요성 발굴이 사업의 성패를 좌우하는 큰 요소라는 것을 우리는 경험을 통해 배우고 있다. 천성산 KTX 터널 공사 지연, 사패산 외곽순환도로 터널 공사 지연, 밀양 송전탑 건설을 둘러싼 이해관계자의 필요성 발굴 실패 등, 사례가 너무 많아 지면으로 다 옮기지 못할 지경이다. 이로 인해 얼마나 많은 직접비용과 기회비용을 허공에 날려 버렸던가? 그나마 이해관계자 간의 갈등을 공론화라는 새로운 방법으로 봉합한 사례가 있기에 여기 소개한다. 신고리 5, 6호기 건설의 계속 여부를 공론화 위원회를 통해 결정한 것은 배경과 과정의 적합성을 떠나 이해관계자 요구사항을 분석하는 것의 한 사례가 될 수 있을 것 같다.

공론화 위원회는 공론화 결과 최종보고서와 보도자료[95]를 통해 종래의 직접 이해관계자 (지역주민, 전문가) 중심으로 논의되었던 이슈를 시민 모두의 생활 이슈로 이끌어 냈다는 점에 큰 의의를 두었다. 총 471명의 시민 참여단에 대한 설문조사와 회의 그리고 마지막 설문조사를 통해 의견을 이끌어 낸 이번 사례는 새로운 사업을 추진하거나 새로운 시스템을 시장에 내놓는 기업이 필히 참고해야 할 좋은 사례가 아닌가 한다. 비록 건설 재개를 제외한 나머지 권고사항이, 참여단 일부만의 의견을 모은 것이라는 시비에서 벗어나지 못했지만 말이다.

95) 신고리 5,6호기 공론화 위원회, 2017. 10.20

<u>신고리 5, 6호기 공론화 위원회 이해관계자 구성</u>

사업 수준의 이해관계자 선정 : 대통령의 위원장 임명

시스템 수준의 이해관계자 선정 :

- 인문사회·과학기술· 조사통계·갈등관리 분야에서 각 2명의 위원 등 모두 9명으로 구성
- 중립성 확보를 위해 이해 관계자나 에너지 분야 관계자는 처음부터 제외[96]

그렇다면 수소차를 이용한 마이크로그리드 구상에 대한 이해관계자의 필요성은 어떻게 발굴해야 할까? 먼저 이해관계자의 필요성이라는 것이 주체마다 서로 다르기 때문에 발굴이 쉽지 않다는 것을 이해해야 한다. 또한 발굴된 필요성이라는 것도 동등하게 다룰 수 없다. 따라서 모든 필요성은 활용 가능한 정보를 적극적으로 검토하여 그 정보가 갖는 부가가치로 판단하여야 한다. 또한 검토 시에는 해당 시스템에 반대하는 이해관계자, 시스템에 비판적인 사람의 의견을 최우선으로 검토하는 것이 중요하다. 물론 쉽지 않은 일이다.

이 책을 쓰면서 어려웠던 점은, 아직 마이크로그리드에 대한 기사나 연구 논문은 찬성 일색이어서 반대 측 의견이나 경쟁자 의견을 취합하는 것이 불가능하였다는 것이다. 또한 전기를 소비만 하던 계층이 판매자로 변신할 기회를 제공한다는 데 반대의견을 가질 전기 소비자는 없으리라 생각된다. 다만, 이 마이크로그리드가 수소차와 결합하여 아파트 주차장에 설치된다면 이는 주민들의 이해관계와 상충되는 문제를 일으킬 수 있다. 안전한가? 소음이나 분진의 문제는 없는가? 등의 많은 의문과 함께 설치에 대한 전제조건이 요구되지 않을까?

96) KBS News 2017. 07.23일자

또 하나의 사례는 이해관계자 필요성을 발굴하는 과정에서 누락하기 쉬운 제한사항에 관한 것이다.

신고리 3, 4호기 원자력발전소를 건설하면서 가장 큰 문제로 대두되었던 것은 케이블의 품질서류 위변조 사건이었다. 이 때문에 제어와 전력공급에 사용하려던 674 km에 이르는 케이블이 교체되었다. 준공은 1년 이상 늘어났고, 직접 교체 비용만 수 백억원이 소요되었다. 이 발전소의 케이블 문제가 크게 대두된 것은 원자력안전위원회에 위변조 사실이 제보된 때문이었지만, 관행처럼 처리되어 온 품질관리 체제에 기인한 부분도 많다. 국내 원전을 제외하고 첫 번째 원자로 건설 공기가 정확히 지켜지는 경우는 매우 드물다. 미국이 짓고 있는 중국의 AP1000 원전도 공기가 3년 이상 지연되고 있고 프랑스가 핀란드에 짓고 있는 원전은 언제 준공될지 예측조차 어렵다. 이처럼 처음 건설하는 원자력발전소의 공기를 지킨다는 것은 매우 어려운 일이다.

또 하나의 문제는 아직도 70%대에 머무르고 있는 건설 전 설계 완성도이다. 30% 가까운 설계가 건설과정에서 일어나니 건설을 담당하는 실무자의 애로가 보통이 아니다. 특히 주요 기기의 설계가 구매지연으로 인해 확정되지 않으니 가뜩이나 촉박한 설치 일정이 점점 줄게 되고 이 과정에서 물건을 먼저 들여와 설치하고 시험결과를 최종 검사 전에 제출하는 것과 같은 일이 일어나는 것은 피할 수 없는 문제가 아니었을까 생각된다.

특히 케이블이나 기기의 내환경 시험[97]은 요구사항에 따라 제시간 내에 완료되기가 어렵고, 또한 시험이 샘플을 대상으로 하는 형식시험[98]이므로 먼저 케이블이나 기기를 들여와 현장에 설치하고 형식시험이 성공적으로 완료되면 보고서를 후에 제출해야 그나마 빠듯하게 책정된 기일에 맞출 수 있으니 이 편법을 많이들 택했던 것이다. 물론 품질보증체계와는 맞지 않는 잘못된 관행이었다. 그러나 만일 이해관계자 필요성을 발굴할 때 이러한 사실이 사전에 분석되었다면 이와 같은 문제는 원천적으로 방지할 수 있지 않았을까 생각된다.

2) 이해관계자 필요성 발굴

이해관계자 요구사항 정의와 관련된 잘 알려진 일화 중 다음의 내용도 참고할 만하다. 바로 아돌프 히틀러가 1930년대 독일의 국민차인 "비틀" 개발을 지시하면서 자동차 개발자인 페르디난트 포르쉐에게 요구한 다음의 내용이다.[99]

- 아우토반을 달릴 수 있을 것
- 5명의 가족이 이용할 수 있는 차
- 시속 100 km로 주행이 가능할 것
- 7 L의 연료로 100 km로 달릴 수 있을 것
- 가격은 990마르크 이하

97) 케이블이나 기기가 설치되는 지역에서 발생할 수 있는 극한의 조건을 인공적으로 만들고 이 조건에서 케이블이나 기기가 생존할 수 있는가를 시험한다.
98) 현장에 설치될 제품과 동일한 샘플을 이용하여 시험하는 것을 말한다. 이 샘플은 실제 설치될 제품과 일치됨을 보증해야 한다.
99) BBC, The VW Beetle: How Hitler's idea became a design icon

사실 히틀러는 1933년 수상에 오르면서 자신의 정치적 기반을 다지기 위해 경제 부흥에 힘썼다. 아우토반이 건설과 함께 일반 국민이 이 도로를 통해 휴가를 다녀올 수 있도록 하고 독일 일반 노동자의 31주 임금인 990마르크를 넘지 않는 선에서 가격을 책정했는데 이는 영국의 노동자가 31주 임금을 모아 포드 T-형 자동차를 살 수 있는 것에 대한 경쟁적 성격의 제한사항이었다. 국가라는 조직 측면에서 이 문제를 분석해 보면 자동차 산업을 일으켜 경제적 부흥을 이루고 국민이 여가를 즐겁게 보낼 수 있도록 하여 정권에 대한 호감이 가도록 하여 정권 안정을 이루고 새로 건설된 아우토반을 이용해 사람들이 이동함으로써 전체주의적 국가관을 암암리에 심어주는 것이 내재된 목표이고 전략이었다.

이것은 마치 1980년대 전두환 군사독재정권이 집권하면서 컬러텔레비전 보급과 프로야구를 도입하여 개막시킨 전략과 유사하다. 히틀러가 도로와 자동차라는 하드웨어를 이용했다면, 컬러텔레비전을 통해 여배우의 아름다운 모습을 보여주고 독재로 얼룩진 일상을 야구장에서의 함성으로 풀게 한 소프트파워 전략이라는 것에 차이가 있을 뿐이다.

히틀러의 이해관계자 필요성은 효과성 지표를 숫자를 이용하여 아주 명확하게 제시하고 있다. 첫 번째는 바로 자동차라는 시스템이 이용하게 될 인터페이스의 조건인 도로다. 험로나 험지 여행이 아닌 고속도로를 지정했기 때문에 전반적인 시스템 설계의 방향이 명확하다. 두 번째는 승객의 수다. 앞좌석에는 성인 2명, 그리고 뒷좌석에는 어린이 3명을 대상으로 했으므로 소형 세단형 차량으로 가능하다. 세 번째는 시속에 대한 정의. 100 km는 당시의 기술로도 충분히 달성할 수 있었다. 이와 함께 일부 문헌에서 소개하는 7L의 연료로 100 km를 달릴 수 있는 연비까지 자동차에 대한 기대와 필요성이 효과성 지표로 명확히 제시되고 있다. 물론 위에서 설명한 가격 측면 문제는 영국과의 경쟁에서 지지 않겠다는 그의 경쟁심도 나타내고 있다.

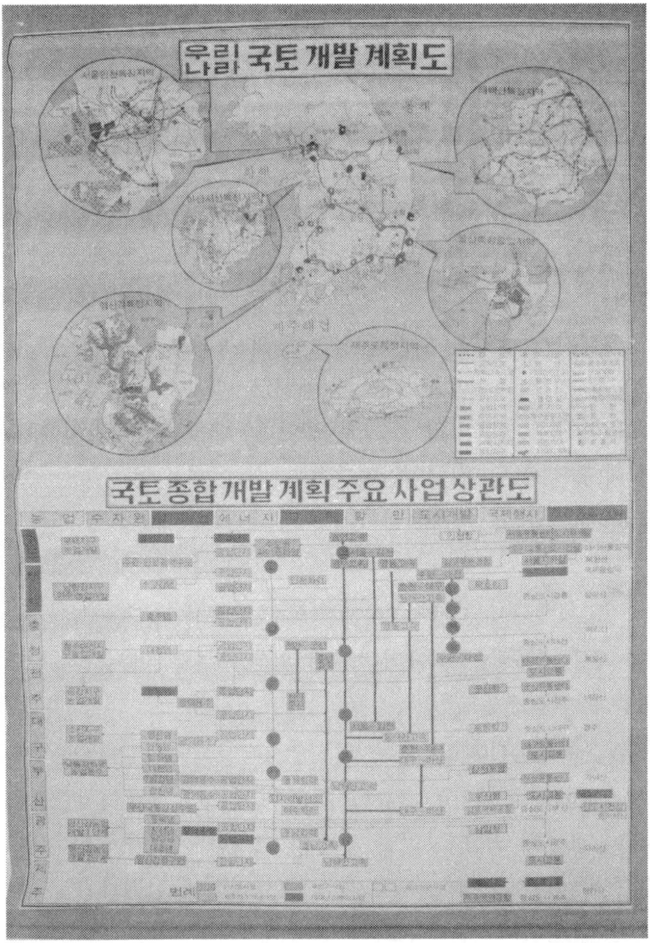

울산1440

100)

100) 울산박물관, 한국산업별지도 (울산1440), 이미지 사용허가일 : 2018. 7. 19, 경제개발 5개년 계획을 포함한 우리나라 국토개발계획을 살펴보면 정권에 의해 필요성과 전략이 먼저 설정되는 중앙집중식 개발임을 알 수 있다. 산업기반과 인프라가 전무했던 우리나라의 형편상 적절한 방법이었을 수 있다. 다만, 이를 수행하는 과정에서 벌어진 공권력의 남용과 개인들의 희생은 두고두고 국론을 분열시키는 요인으로 작용했다. 이제 우리는 이와 같은 국토개발과정을 다시 한 번 살피고 점검하여 장점은 더욱 부각시키고, 파행이나 단점은 개선하는 적극적인 노력이 필요하지 않을까 한다.

그렇다면 오늘날의 시스템도 이러한 방향으로 개발하면 되는가? 히틀러가 오스트리아의 한 카페에서 냅킨에 썼다는 이러한 필요성은 어떤 문제를 가지고 있는가? 1934년은 당시 총리였던 히틀러가 대통령직과 총리직을 합친 총통 직을 신설하고 국민투표를 통해 총통에 취임한 해로 독재체제를 완성한 때이다. 즉, 독재자이니까 이러한 지시가 가능했다는 얘기다.

우리나라의 경제개발사를 살펴보면 대통령 1인의 지시에 의해 사업과 임무가 결정되는 것을 흔히 볼 수 있다. 약 30년의 시차를 두고 독일과 한국에서는 한 절대자가 산업을 일으킨다. 독일의 독재자는 이미 융성한 기계 산업을 바탕으로 전쟁을 일으켜 나라를 폐허로 만들었지만, 한국의 절대 권력자는 나라의 경제를 반석 위에 세워 놓았다. 개발 독재 과정에서 대통령과 그 지시를 수행한 고위 정책입안자가 애국적 동기를 바탕으로 뭉쳤기 때문이다. 그러나 오늘날 개발 독재시기에 대해 문제를 제기하는 것은 그 과정의 정당성 여부다.

이렇듯 1인 체제에서 도출된 이해관계자 필요성은 많은 위험성을 내포한다. 전쟁을 치르는 독일은 히틀러 1인에 의해 발굴된 이해관계자 필요성으로 인해 수많은 시행착오를 겪었다. 무리한 요구사항으로 비행기는 날지 못했고, 전쟁터에 나가 보지도 못한 탱크가 부지기수였다.

시스템엔지니어의 역할 중 중요한 것은 바로 프로젝트의 위험도를 줄이는 것이다. 이는 절차화 되고 다면적 문제를 고려한 이해관계자 요구사항을 정의하는 것으로부터 시작한다. 자동차가 없던 시절에 현대차의 포니는 누구나 사고 싶어 했던 차였다. 주지아로[101]의 종이접기식 디자인은 지금 보아도 유려하다. 필자가 사는 동네에 포니 픽업트럭을 가진 분이 있어 이 차의 운행 모습을 종종 보게 된다. 언젠가는 길옆에 세워 놓았기에 자세히 들여다본 적도 있다. 필자도 포니 2 중고차로 마이카 시대를 열었기에 오랜 친구를 만난 듯 반가운 생각이 들었다. 지금이라도 시판된다면 사고 싶은 유혹이 강하게 생길 것 같다. 1970-80년대, 경쟁도 없었지만, 시장도 없었던 그 당시

101) 주지아로, 이탈리아 이탈디자인 창업 디자이너, 현대 포니, 대우 라세티, 쌍용 렉스턴 등 10여 종의 국산차를 설계한 것으로도 유명하다

엄청난 비용인 120만 불을 주지아로에게 지불하고 설계를 맡겼다는 정주영 회장과 정세영 회장의 선구자적 혜안은 참 존경스럽다. 왜 오늘날 우리에게는 이런 분들이 없는 것일까?

그러나 관점을 약간 돌려보면, 몇천 불의 국민소득 시대에는 이런 리더십이 가능했지만, 국민소득 3만 불을 바라보는 선진국에서는 이런 리더십이 불가능할 것 같다. 보기에야 시원하고 무궁무진한 이야깃거리도 생겨나겠지만 리더의 전횡적 의사결정이 대기업을 한순간에 몰락시킨 경우도 우리 주위에 흔하지 않은가.

역시 3만 불 시대에는 시스템엔지니어링 적으로 접근하는 것만이 사업의 위기를 줄이고 기회를 잘 포착하여 좋은 해결책을 내놓을 수 있을 것 같다. 그렇다면 수소차와 마이크로그리드를 바라보는 많은 이해관계자의 시각은 어떻게 달라질 것인가? 이해관계자 속에는 경쟁자도 포함된다. 주요 언론에 발표된 내용 중 기업의 홍보성 자료를 제외하고 한번 나열해 본다.

이해관계자 관점	찬반 의견	이유/가정	비고
얼리 어답터	선택 가능	인프라와 안전성만 확보된다면 타고 싶다.	
주 소비자	관망 중	인프라와 안전성 확보 후 고려할 것이다.	
주민 (충전소 인근)	반대	높은 압력으로 충전하는 수소는 안전하지 않으니까.	
한국 정부	적극 지원	친환경적인 신산업을 육성한다.	공공분야 시범사업으로 대국민 홍보
일본 정부	적극 지원	탄소 제로 사회가 가능한 솔루션이다.	충전소보다 수소 중심 생태계 구축이 우선

경쟁자	극도로 어리석은 선택	왜? 전기를 이용해 수소를 만들고, 저장하고, 저장한 수소를 사용하는가. 전기를 그냥 쓰면 되지 않는가?	테슬라 CEO 일론 머스크
전문가	세계적 흐름, 찬성	단, 기술과 인프라의 구축이 필요하다	정부의 인센티브가 부족함

위의 표는 제한적인 기사를 이용하여 각 계층 이해관계자의 수소차에 대한 시각을 일반화해 본 것에 불과하다. 그러나 이 분석과정에서도 수소차를 가지고 친환경적인 신산업을 육성하려면 몇 가지 조건이 만족되어야 한다는 점이 명확히 발굴된다. 일론 머스크가 말한 "수소를 만들고, 저장하고, 저장한 수소를 사용하는 것은 어려운 일"이 해결되어야 한다.

수소를 저장하는 문제는 현재의 기술로도 충분히 가능하다. 다만 얼마나 경제적으로 저장할 수 있는가라는 문제에는 해결책이 필요하다. 충전 인프라의 문제도 시급히 해결되어야 할 과제다. 국내 인프라가 거의 갖추어져 있지 않은 상태에서 수소차 양산은 이루어질 수 없기 때문이다. 이러한 점에서 일본 정부의 노력은 참고할 만하다. 생산, 저장, 이동, 충전의 생태계를 갖추는 것은 수소차를 이용할 때 필수 사항이 될 것이다. 마지막으로 얼리 아답터[102]가 원한 안전성에 관한 문제도 간과할 수 없다. 안전하지 않은 차량을 누가 사겠는가? 새로운 사업을 시작하는 수소 분야는 높은 압력으로 폭발력이 있는 수소가스를 저장해야 하고, 차량에 충전해야 한다는 필수적인 행위가 있다. 이 행위의 안전성을 국민의 감성에 맞게 만족시키지 못한다면 사업의 성공확률은 그만큼 낮아질 것이다. 또한 생산된 수소를 파이프라인을 통해 도심까지 이송할 경우 필연적으로 맞닥뜨릴 수밖에 없는 파이프라인 통과 경로상에 사는 주민의 엄청난 반대도 해결이 여간 어렵지 않을 것이다.

102) 우리말로 나먼저족으로 불리기도 한다.

■ 필요성을 요구사항으로 바꾸는 문제

이해관계자의 필요성을 요구사항으로 바꾸는 데 있어 중요한 점은 필요사항은 항상 추가될 수 있다는 점이다. 그러나 필요사항이 추가되면 비용과 일정, 더 많은 노력이 요구되는 것이 문제다. 따라서 추가 여부는 조직의 장기적 안목에서 결정하는 것이 바람직하다. 또한 요구사항의 이면을 바라보는 것도 중요하다. 특히 정치가는 일반 대중의 감성적인 만족감에 호소하는 경우가 많다. 이럴 경우, 멀쩡한 원자력발전소가 하루아침에 문을 닫는 현상과 같은 일이 벌어진다. 이러한 문제를 사전에 제거하려면 요구사항의 이면에 감춰진 숨은 필요성을 감성적 차원에서 바라보는 것도 중요하다.

이해관계자 요구사항을 발굴하는 것이 왜 어려운가? 이는 이해관계자가 요구사항을 잘 표현하기 어려운 데서 비롯한다. 자기의 요구사항을 정확히 알지 못하기도 할 뿐만 아니라 사업이 진행됨에 따라 상황이 바뀌고 새로운 가능성에 의한 심경의 변화를 일으키기 때문이다. 문제는 또 있다. 시스템엔지니어가 가진 문제다. 성숙한 요구사항 추출 방법이 존재하지 않으니 필요성과 요구사항을 발굴하기보다는 설계에 치중한다. 또한 이해관계자와 의사소통 장벽이 존재하는 것도 사실이다. 가장 큰 문제는 요구사항 제시는 이해관계자의 책임이라는 시스템엔지니어의 생각에 있다.

3) 수명주기 개념 수립

이해관계자는 서로 다른 의견을 내놓는다. 이러한 이질적인 요소를 다루기 위해서는 먼저 위험요소는 없는지 따져보아야 한다. 또한 시스템에 위협을 줄 수 있는 요소를 살펴보고, 시스템의 안전성 등을 최우선으로 고려하여야 한다. 이때 시스템엔지니어는 프로그램 및 프로젝트 관리자가 반드시 해야 할 일을 정의해야 한다. 또한 사업 단위에서 요구되는 사항을 구체화하기 위한 정보, 인력, 분석 도구를 모으는 일을 지원해야 한다. 발굴된 이해관계자 니즈를 분석하고, 시스템·프로젝트에 대한 제약사항을 비용과 기술적 가능성, 적용 규격 및 법률적 요건 등의 측면에서 검토해야 하는 것 역시 시스템엔지니어의 역할이다.

포르쉐 박사가 히틀러의 명령을 받아 비틀을 개발할 때 시스템엔지니어가 있었다면, 가격의 제약사항, 그리고 개발 기간의 제약사항을 잘 따져 봤을 것이다. 당시 독재자의 한 마디는 법이었던 시절이니 적용 규격이나 법률적 요건 등은 최우선 순위 고려사항은 아니었겠지만, 독일이란 나라는 전시에 확성용 앰프 하나를 만들면서도 내부 배선까지도 규격화하여 색상과 배치를 통일했던 나라니 법률적 요건 역시 자동차 개발의 성공 여부를 결정짓는 중요한 요소가 아니었을까? 그러나 무엇보다도 가장 중요한 것은 기술적 가능성이다. 이는 오롯이 포르쉐의 책임이었을 것이다. 만일 당시에 시스템엔지니어가 있었다면 그는 이 프로젝트의 기술적 가능성을 검토하는 데 골머리를 앓았을 것이 틀림없다. 자 그렇다면 발굴된 필요성을 이용해 비틀의 수명주기 개념을 기술해 보자.

- 생산 개념 : 승객의 수, 가격 목표, 연비, 자동차 운행조건 등이 제시되었으니까 이에 맞는 자동차 생산에 대한 개념을 세워야 한다.
- 배치 개념 : 자동차 생산 공정의 배치 등을 개념화해야 한다.
- 운영 개념 : 자동차는 사용자 관점에서의 운전과 정비 방법을 고려해야 한다.
- 지원 개념 : 자동차의 유지 보수를 지원하기 위해 고려되어야 하는 인프라 및 인력에 대해 기술한다.
- 폐기 개념 : 폐차과정에서의 환경 영향을 식별하고 폐기품 중 재활용 대상을 식별해야 한다.

다음 그림은 충실하게 정의된 사업과 이해관계자의 필요성이 어떻게 사용되는지를 보여준다. 그림과 같이 잘 정의된 필요성은 수명주기 개념을 표현하는 문서들을 작성하는 데 활용되어 이해관계자의 필요성이 요구사항을 담은 규격서 (StRS[103])를 만드는 기초가 된다. 그뿐만 아니라 직무 기술서 (SOW[104])와 제안요청서 (RFP[105]) 작성에도 활용된다.

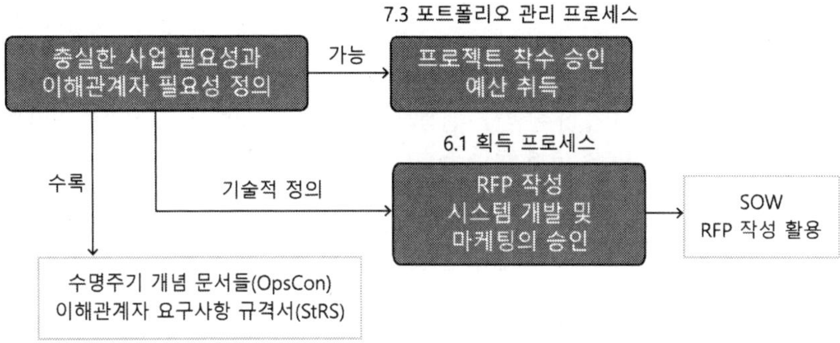

106)

보통 직무 기술서에는 업무, 필요한 기술, 직책 수행 시의 우선순위 등이 기술된다. 켈리 맥고니걸은 저서 "스트레스의 힘"[107]에서 이상과 같은 직무 기술서만으로는 모든 항목을 담을 수 없다고 얘기한다. 나의 일이 다른 사람에게 어떤 영향을 주는지도 생각해 보라는 것이다. 수소차를 이용한 마이크로 그리드를 개념화하는 시스템엔지니어라면 주어진 역할과 함께 자신이 제공할 수 있는 가치를 함께 고려해 보면 어떨까?

운영개념은 시스템 사용자와 운용자 공동체의 필요와 목적, 특성 등을 요약한 문서 형태로 발간되며 수명주기 개념들도 담는다. 사업주의 관점에서 고려해야 할 수소차 마이크로그리드에 대한 수명주기 개념들은 다음과 같다.

---

103) Stakeholder Requirements Specification
104) Statement of Work
105) Request for Proposal
106) 그림에서 6.1 획득 프로세스와 7.3 포트폴리오 관리 프로세스는 INCOSE 핸드북 4.0에 자세히 설명되었다.
107) 켈리 맥고니걸, 스트레스의 힘: 자극이 만드는 극적인 성장

수명주기 단계별 개념	내용	수소차 마이크로그리드 특화 내용
생산 개념	시스템 생산 방법 기술	수소는 어떻게 생산할 것인가?
배치 개념	시스템 인도 및 설치 방법 기술	어디에, 언제, 어떻게 마이크로그리드를 설치하고 인도할 것인가?
운영 개념	운영자 관점에서의 시스템 운전 방법을 기술	마이크로그리드는 어떻게 운전되는가?
지원 개념	배치 후 시스템의 유지를 위해 고려되어야 하는 지원 인프라 및 인력에 대해 기술	수소의 충전, 차량의 정비, 마이크로그리드 정비를 어떻게 지원할 것인가?
폐기 개념	운영 종료 이후에 시스템을 제거하는 방법을 기술	환경의 영향을 최소화 할 수 있는 안전한 폐기 방법은 무엇인가?

운영개념에 대해 좀 더 알아보자. 위에서 가스 충전소 문제를 언급했다. 만일 충전 가스 분배 관을 아파트단지에 끌어들이지 못하고 별도의 충전소를 인근에 설치해야 한다면 충전소 설립에 드는 비용을 떠나 모든 차량이 탱크가 비면 충전소로 이동해야 한다는 동선의 문제가 생긴다. 1천 대의 차량을 이동하여 매일 충전하고 주차구역으로 다시 되돌아오는 일은 생각만으로도 어지럽다. 따라서 가정용 LNG 망과 같이 가스는 주차장에서 공급할 수 있어야 한다. 아파트 단지 내에 고압의 수소 가스 분배망 설치가 어렵다고 판단되면 대안을 마련해야 한다. 수소를 충전할 로봇을 개발하는 것도 대안이 될 수 있다. 즉, 충전의 무인화를 이루는 것이다. 이미 확보된 로봇과 관련된 요소기술을 활용하여 2040년 시대에 수소를 로봇이 충전하게 하는 것은 운영 개념에 있어 중요한 문제다. 또 하나의 대안으로는 전국에 광범위하게 분포하는 LPG 충전설비를 수소 충전설비로 변경하는 것이다. LPG 충전설비를 보완하여 수소 충전설비로 활용할 수 있다면, 또 충전의 무인화가 이루어진다면 이해관계자의 큰 저항은 사라지고 비소비자로부터 생기는 문제는 축소될 수도 있을 것 같다.

운영개념 문서는 시스템이 무엇을 할 것인지(어떻게 할 것인지가 아니다.)와 그 이유(근거)를 나타낸다. 이는 사용자 중심의 문서로, 사용자의 관점에서 인도될 시스템의 특징을 나타낸다. 또한 이 문서는 획득자와 사용자, 기타 조직 구성요소들에 시스템의 전체적인 특징을 계량적으로 알려주기 위한 목적으로 사용된다. 시스템이 완성되었을 때 어떠한 기준으로 시스템 개발의 성패를 결정할지를 사전에 개념화하는 것도 중요하다. 다음의 그림은 수소차 마이크로그리드의 운영개념을 나타낸 것이다.

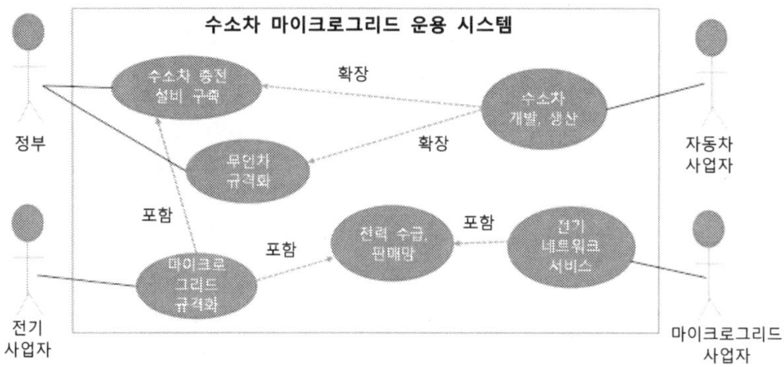

위의 그림을 통해 표현하고자 하는 것은, 수소차 마이크로그리드의 운용을 통해 정부와 전기사업자, 자동차 사업자와 마이크로그리드 사업자가 이해관계자로 참여하여 새로운 사업을 창출할 수 있는가이다. 이를 위해 정부는 수소차 충전설비를 어떻게 구축해야 하는지와 어떠한 규격으로 무인 수소차를 생산하도록 할 것인지에 대한 개념을 먼저 수립해야 한다. 자동차 사업자는 수소차 개발과 생산에 대한 개념을 정하며, 전기사업자는 마이크로그리드 규격화에 대한 개념을 설정해야 한다. 마이크로그리드 사업자는 전기 네트워크의 서비스를 통해 전력수급과 판매를 어떻게 실행할 것인지에 대한 개념을 정하고, 아울러 전기사업자와 전력수급과 판매망을 어떻게 연계할 것인지에 대한 개념도 수립해야 한다. 이러한 모든 내용이 운영개념 문서에 포함되어야 한다.

4) 효과성 지표 설정

수소차 마이크로그리드의 효과성 지표는 이해관계자 중에서도 주로 사용자나 고객의 입장에서 설정한다. 이 지표는 시스템이 완성되어 사용자나 고객에게 인도되었을 때 시스템의 성공 여부를 확인하는 기준이 된다. 이 효과성 지표는 사업·임무 정의 단계에서 작성한 사업경영 요구사항 규격서에 명시된 시스템의 임무에 대한 성능과 일관성이 있어야 한다. 각 지표는 문턱값(최대 또는 최소값)과 목표 값을 제시하는 것이 일반적이다.

다음의 효과성 지표는 필자가 여러 문헌을 종합해 임의로 만들어 본 것이므로 참조 정도로만 사용할 수 있을 것이다. 독자 여러분도 한번 자신의 견해대로 지표를 생산해 보기를 추천한다.

효과성 지표	단위	설명
설비 용량	kW	수소차 1대당 발전 용량 * 전체 대수
효율	%	수소차의 효율과 마이크로그리드를 모두 고려한 종합 효율을 산정한다.
전력품질	V, Hz	배전계통의 전압과 전력은 허용범위 내로 유지될 수 있는가?
상시 전력공급 가능성	%	한전 배전망에 연결하지 않고 독립적 운전이 가능한 연간 총 시간 X를 이용해 계산 X*365일*24시간/일 = Y 시간 Y 시간÷(365일*24시간/일) = Z%
운용인력	명	운용에 몇 명의 인력이 필요한가?
마이크로그리드 무인화율	%	설비의 자동화를 통한 무인화는 어느 정도로 달성할 수 있는가?
무인차 도입 허용률	%	몇 대의 무인차를 자동으로 주차 관제하고 네트워크에서 통제할 수 있는가? 관제 가능 대수/단지 내 수소차 대수
가동률		가동률은 시간당 가동 실패율을 척도로 한다. 1-(가동 실패율/시간)

신뢰성 (고장률)	MTBF 108)	연간 고장률이 목표 내에 있는가?
안전성		설비의 고장은 안전성에 어떠한 파급 효과를 미치는가?
상호 운용성		기존 배전설비와 호환성을 척도로 사용

이 효과성 지표에서 중요하게 고려해야 할 점은 안전성이다. 설비가 고장이 났을 때 가장 최악의 상황에서도 인명의 손실 없이 재산상의 손실을 수용할 수 있는 범위 내로 유지할 수 있는지를 확률적으로 평가하는 것이다. 이 결과는 아파트 단지에 사는 주민의 수용성에도 큰 영향을 미친다. 수소차량이 아파트 단지 지하 주차장에서 화재나 폭발 등의 사고를 일으켰다고 가정해 보자. 관건은 이 사고가 다른 취약성과 복합되어 더 큰 사고로 이어지지 않는다는 것을 보장할 수 있는가이다. 이에는 충전이 필요한 차량에 수소를 원격에서 무인으로 충전하는 행위 등도 포함될 수 있을 것이다. 이러한 사고의 발생을 원천적으로 방지하기 위해 아파트 지하 주차장에 이중 방벽을 도입하는 등의 예방책은 많은 초기 투자비가 필요하게 되어 역시 주민의 수용을 어렵게 만든다. 이러한 점을 고려하여 수소차를 무인화하고 주차 구역을 주민의 거주 구역과 분리해도 이 또한 땅값이 비싼 지역에는 도입이 곤란할 것이다.

많은 시간과 노력을 기울여 효과성 지표를 마련하고 이를 사업에 적용해도 사업의 성패는 많은 변수에 좌우되기 마련이다. 하물며 정확하지 않은 지표를 가지고 벌인 사업이 성공할 수 있을까? 지난 시절 많은 국내 기업들이 해외 사업에서 엄청난 손실을 입은 것은 이러한 효과성 지표를 대충대충 수립하고 제 논에 물 대기 식으로 자기에게만 이롭게 설렁설렁 분석했기 때문일 것이다. 물론 경영층에서 강하게 드라이브하니 중간관리자의 입장에서는 꼬치꼬치 따질 수 없었던 사내 문화의 영향도 매우 크다. 홉스테드가 얘기하는 기업 내의 권력거리109)가 국내, 특히 공기업의 경우는 매우 멀기 때문이

108) MTBF : Mean Time Between Failure

다. 권력거리가 멀면 사람의 위치와 계급에 따라 권력이 결정되어 하급자가 상급자의 의사결정에 개입할 수 없다.

'가나'의 타코라디 화력 발전소 증설 EPC 사업[110]도 마찬가지다. 국내외 엔지니어링 사업을 주로 하던 전력 그룹사가 새로운 사장의 취임을 계기로 EPC 사업에 참여하여 외형을 넓힌다는 야심 찬 계획을 세웠으나 해외 EPC 사업에 대한 경험 부족과 전문 사업영역을 벗어난 새로운 사업영역에 참여하는 데 따른 리스크 등으로 큰 손실을 입었다. 물론 새로운 사업에 대한 리스크는 완전히 회피하기 어렵다. 그러나 사내의 권력거리를 좁혀 의사결정에 많은 전문가를 참여시킨 후 사업의 효과성에 대한 지표를 최대한 정확하게 만든 후 진행했다면 상당 부분의 리스크는 회피할 수 있지 않았나 생각된다. 마이크로그리드를 수소차로 넓히는 데 따르는 리스크 역시, 효과성 지표를 어떻게 생산하고, 결정하고, 관리하고, 확인하는가에 따라 높아질 수도 있고, 관리할 수 있을 만큼 낮게 유지할 수도 있을 것이다.

5) 이해관계자 요구사항 문서화

이해관계자 요구사항 명세서(StRS)는 이해관계자 요구사항을 공식화하는 것이다. StRS의 내용은 사업요구사항 문서와 역방향 추적이 가능해야 한다. 즉, 사업요구사항으로 정의되지 않은 사항은 이해관계자 요구사항으로 변환될 수 없다는 것이다. 만일 사업적으로 요구되지 않은 사항을 이해관계자 요구사항으로 추가하면 사업비용이 증가할 것이고, 누락한다면 사업에서 요구하는 사항을 충족하지 못하므로 시스템/프로젝트의 성공을 곤란하게 할 것이다.

필자는 철도, 국방, 자동차 분야에서 일하는 분들을 대상으로 교육을 진행

109) Hofstede's Power Distance : 지위가 낮은 사람이 높은 지위를 가진 사람의 주관적 명령을 객관적으로 처리할 수 없는 현상을 지칭한다. 대한항공의 괌 여객기 추락 사고를 다룬 말콤 글래드웰의 '아웃라이어'에는 수직적 위계질서가 사고를 부른 참사를 생생히 전하고 있다.

110) 엔지니어링과 구매, 건설을 모두 한 회사가 책임지는 계약 형태

할 때 우리나라 각 산업 분야에서 대규모 시스템을 개발할 때 사업과 이해관계자 요구사항 명세서를 꼭 작성하라고 권고한다. 원자력의 경우, 신고리 3, 4호기 이전 사업까지는 사업이나 이해관계자의 요구사항을 정확히 명시한 문서가 없었다. 2000년대 들어 APR1400 원전[111]을 개발하면서 미국의 EPRI[112]와 공동으로 원전 운영자의 요구사항 명세서[113]를 작성했다. 이 문서에서 최상위 요구사항 (TTR[114])을 명시한 부분을 우리말로 옮겨 소개한다. 최상위 요구사항에서는 원자로 설계와 건설에 가장 기본이 되는 원자로의 형식, 출력, 효율, 안전성, 목표 등이 수치로 명기되어 사업이 원하는 바를 명확하게 알려준다.

● TOP-TIER REQUIREMENTS (최상위 요건)

111) Advanced Power Reactor 1400 : 신고리 3호기가 첫 실증로로 지어졌고 1400만 kW의 전기를 생산한다.
112) Electric Power Research Institute : 미국 전력연구소로 민간 기업이다.
113) Utility Requirements Document 은 영문으로 작성되었다.
114) Top Tier Requirements를 최상위 요건으로 번역하였다.

다음의 그림은 URD에서 정의한 요구사항 일부분이다. 요구사항과 이에 대한 주석이 포함된 것을 알 수 있다. 주석은 요구사항이 이해되지 않거나 다른 해석의 소지가 있을 때 바로잡는 데 유용하다.

문단번호	요건	주석	Rev.
2.2	**ACCIDENT RESISTANCE REQUIREMENTS**	**ACCIDENT RESISTANCE REQUIREMENTS**	0
	Design characteristics shall be provided for the KNGR which utilize, yet minimize the dependence upon, active engineered safeguards features to achieve safety and protect the Plant Owner's investment. The systems shall be simplified relative to current LWRs so as to make them less complex, to minimize or eliminate realignments to accomplish safety functions, and to minimize the number of active components. The design characteristics which will be utilized include the following.	It is fundamental to the KNGR design that as much safety as possible be designed into the day-to-day operation of the plant itself in addition to that provided by infrequently used, separately engineered safety systems. Specific requirements to assure accident resistance are included in subsequent chapters of the Requirements Document.	0

6) 이해관계자 요구사항 확인 및 합의

다음 그림은 이해관계자 요구사항을 확인하고 합의하여 최종적으로 이해관계자 요구사항으로 정하는 과정을 나타낸다. 수집된 요구사항은 아직 세련되지 않은 기대와 필요성의 집합이므로 이를 확인 기준에 의해 수용 가능 여부를 확인한다. 이후 쟁점 사항에 대한 대처방안을 수립하고 합의를 거쳐 이해관계자 요구사항에 대한 검토 결과를 얻게 된다. 후속 단계로는 공식적인 검토 단계가 남게 된다. 이를 거치고 나면 최종적으로 합의된 이해관계자 요구사항이 된다. 이러한 일련의 확인과 합의 절차는 사업의 리스크와 비용, 일정을 수용 가능한 범위 이내로 줄이게 되는 매우 중요한 사항이다.

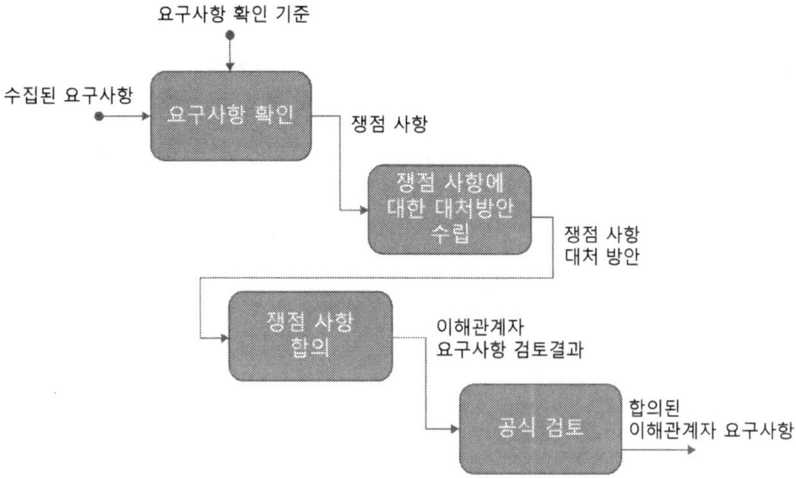

다. 시스템 요구사항 정의 과정

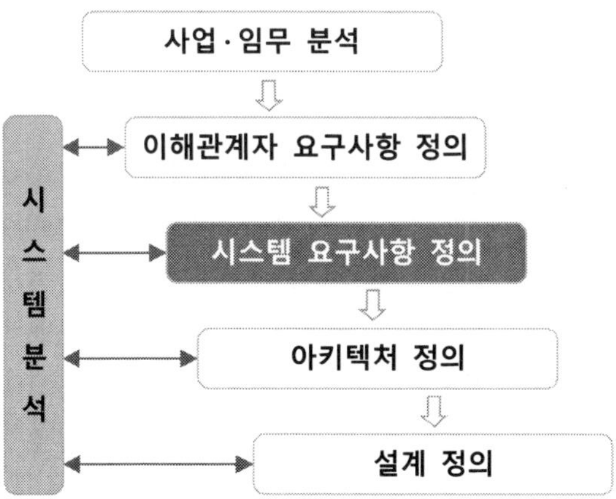

기술개발 과정에서 말하는 요구사항이란 이해관계자가 요구한 사항과 이를 기술적 언어로 바꾼 시스템 요구사항이다. 이해관계자 요구사항은 임무, 목적, 제약사항 등과 연관된 시스템의 기대치를 글로 옮긴 가장 기본적인 요구사항이다. 이는 시스템의 요구사항을 정의하기 위한 입력으로 사용된다.

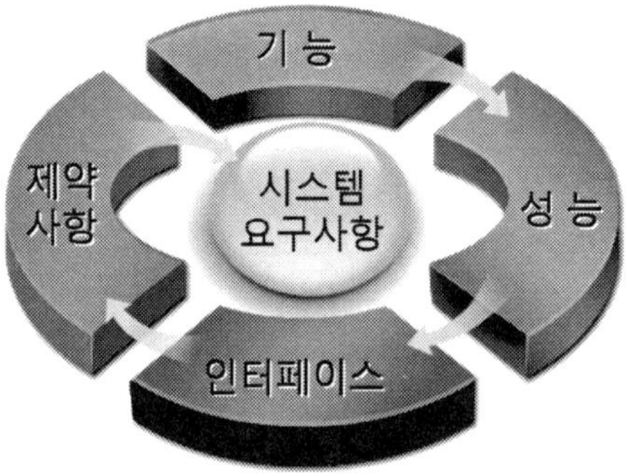

115)

시스템 요구사항은 크게 기능요구사항, 성능요구사항, 제약사항과 인터페이스 요구사항으로 나뉜다. 가장 먼저 해야 할 일은 기능 요구사항을 정의하는 것이다. 즉, 자동차의 기능을 생각할 때 먼저 떠오르는 것이 잘 달리고, 잘 서고, 사람을 편안하게 이동시키고, 문제가 있을 때 안전하게 보호하는 것이듯, 기능분석을 통해 필수적인 임무와 행동 또는 반드시 달성되어야 할 활동을 정한다. 이 기능들은 품질, 수량, 적용 범위, 기간, 유용성 등의 측면에서 측정된다. 이를 측정하는 것은 시스템이 얼마나 잘 완성되었는지를 아는 것이고 이것이 성능요구사항이다. 또한 설계의 유연성을 제한하는 환경조건, 한계 범위, 내부와 외부 위협으로부터의 보호, 계약, 거래, 규격표준 등으로 정의되는 설계 제약사항도 빼놓을 수 없다. 잘 작성된 요구사항(요건116)) 명세서는 기능, 성능, 설계 제약사항과 인터페이스 요구사항이 조화롭게 기술된다. 여기서 말하는 요건이란 요구사항의 집합을 말한다. 요구사

115) 시스템엔지니어링협회 INCOSE 핸드북 3.0 교재에서 발췌 및 수정
116) 요건은 Requirements로 복수 형태로 쓰인다.

항 분석을 통해 좋은 요건을 만드는 것은 성공적인 설계의 밑거름이 된다. 다음은 요구사항 분석을 위한 질문이다.

- 시스템을 개발하는 배경은 무엇인가?
- 고객의 기대사항은 무엇인가?
- 구체적인 사용자는 누구이며 제품 사용방법은 어떤가?
- 사용자는 어떠한 제품을 기대하고 있는가?
- 전문지식 수준은 어느 정도인가?
- 시스템이 운용되는 환경은 어떠한 특성이 있는가?
- 기존 또는 앞으로 예상되는 인터페이스는 무엇인가?
- 시스템이 수행해야 할 기능은 무엇이며, 어떠한 고객 언어로 제시되어 있는가?
- 시스템을 제약하는 하드웨어, 소프트웨어, 비용요소와 절차에는 어떠한 것이 있는가?
- 제공되어야 할 제품의 형태는 무엇인가? 모델, 시제품, 양산 중 어떠한 형태인가?

시스템 요구사항은 시스템 정의의 기초이자 아키텍처, 설계, 통합, 검증의 토대가 된다. 시스템엔지니어링 핸드북에서도 강조하고 있지만 모든 요구사항을 만족시키기 위해서는 시스템에 필수적인 요구사항만을 추출해야 한다. 이 요구사항은 사용자의 관점이 반영된 시스템 요구로 변환된다. 이해관계자의 요구사항은 종종 자연어로 기술된 경우가 많다. 학생들에게 자동차에 대한 이해관계자 요구사항을 하나씩 얘기해 달라고 부탁하면, 다음과 같은 대답이 종종 돌아온다.

"가족이 편안하게 여행할 수 있는 차량이면 좋겠다. 자동차가 빨리 달리고, 안전하게 섰으면 좋겠다. 연비가 좋고 수명이 길었으면 좋겠다."

위의 서술적인 요구사항을 좀 더 기술적인 언어로 바꾸면 다음의 형태가 될 것이다.

"자동차는 2인의 성인과 3인의 어린이를 태울 수 있어야 한다. 자동차의 최고속도는 200 km/시간 이상이어야 한다. 자동차의 가속 성능 (0 km에서 100 km까지 가속하는 데 걸리는 시간)은 10초 이내여야 한다. 비가 오는 날 일반도로에서의 제동거리는 50 m 이내여야 한다. 고속도로 주행 연비는 15 km/리터 이상이어야 한다. 자동차의 수명은 엔진 등 주요부품의 수리 없이 15년을 보장해야 한다."

이렇듯 시스템 요구사항이란 시스템이 무엇을 수행해야 하는가를 기술적 언어로 표현하는 것이다, 빨리는 최고속도와 가속 성능으로, 명확한 목표 값을 이용하여 나타낸다. 여기에서 고민은 가족을 어떻게 정의할 것인가이다. 5인이 탈 수 있는 차량이라도 뒷좌석에 3인의 성인이 타고 장거리를 이동하기에는 무리가 있다. 앞좌석에는 성인, 뒷좌석에는 어린이 3인이 탈 수 있다고 정의하면 좀 더 명확해질 것 같다. 이처럼 자연어로 나열된 이해관계자의 요구사항을 기술적인 언어와 문턱 값과 한계 값을 이용하여 명확히 표현하는 것이 시스템 수준의 요구사항이다.

그림은 여러분의 이해를 돕기 위해 수소차 마이크로그리드 시스템 요구사항 규격서에 포함될 요구사항을 계층적으로 그려본 것이다. 필수적으로 포함될 것으로 생각되는 기능, 성능, 제한사항, 운영 요구사항, 인터페이스 요구사항, 검증 요구사항만을 넣었으나 실제의 시스템이라면 훨씬 많은 요구사항이 정의될 것이다. 그림에서와 같이 시스템의 요구사항 규격서는 기능, 성능을 중심으로 기술하고 있으며, 이와 함께 제약사항도 표기한다. 시스템 요구사항을 정의하면서 잊지 말아야 하는 것이 바로 검증기준을 명시하는 것이다. 북핵을 폐기할 경우 이를 검증해야 하는데 기준이 없다면 폐기된 핵을 다시는 만들지 못하도록 하는 것이 불가능해지듯이, 누구나 이해할 수 있는 확실한 기준을 제시하는 것이다.

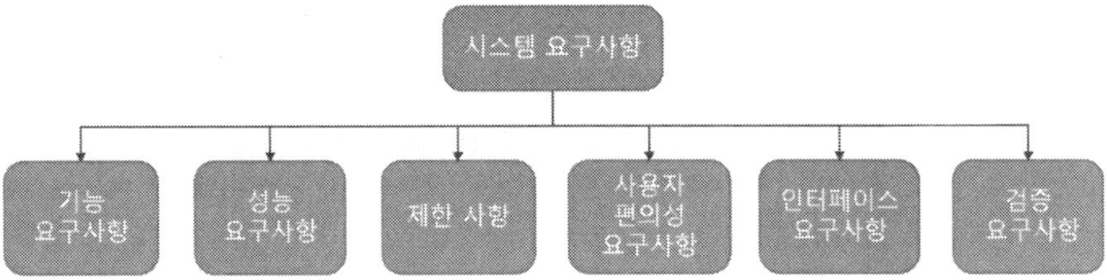

최종적으로 시스템 요구사항 정의 과정에서는 요구사항이 규격서로 문서가 된다. 자 그럼 어떠한 일을 해야 하는지 각 단계를 정리해 보자. 다음 그림과 같이 시스템 요구사항 정의단계와 시스템요구사항을 분석하고 유지하는 두 단계로 나누어 설명하겠다.

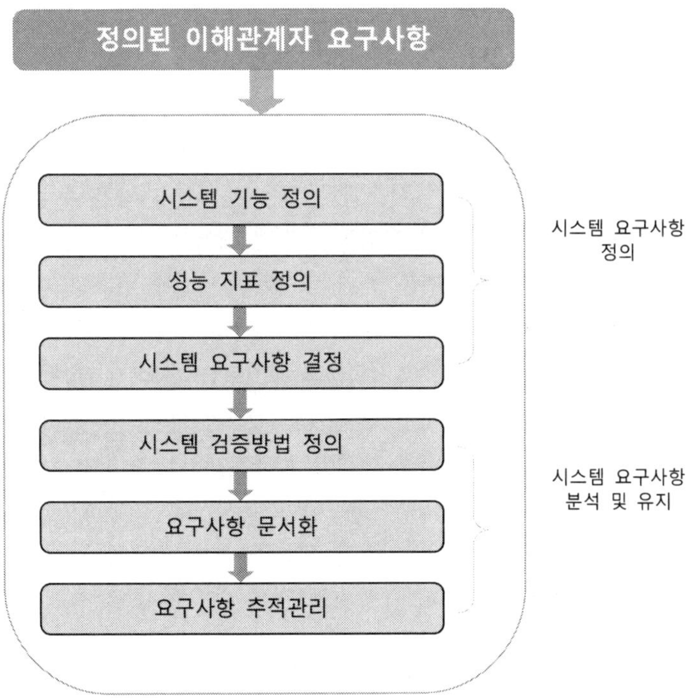

시스템 요구사항을 어떻게 정의해야 하는가? 이 단계는 시스템의 필수 기능을 식별하고 정의하는 것으로부터 시작된다. 이 과정은 "무엇"을 구현할지를 생각할 뿐 "어떻게" 구체화 시킬 것인지는 고려하지 않는다.

1) 시스템 기능 정의

시스템엔지니어링에서 기능은 시스템의 특성을 나타내는 업무, 행동, 활동을 말한다. 즉, 시스템의 목적을 달성하는데 필요한 명확하게 구별되는 행동[117]이 바로 기능이다. 시스템은 속성, 특성, 특징으로 표현할 수 있다. 시스템엔지니어링을 시스템(제품이나 서비스도 포함) 개발에 도입한다는 것은 시스템의 속성과 특성, 특징을 명확히 이해하고 있다는 것을 전제로 한다. 제4부에서 다루는 "시스템이란 무엇인가?"에서 속성, 특성, 특징과 시스템의 관계를 상세히 다룰 것이다.[118]

기능을 정의하기 위해서는 시스템이 수행해야 할 기능을 논리적 순서로 배열해야 한다. 이를 논리적인 해법이라고 부른다. 각 기능이 전달되는 인터페이스 항목도 이 순서에 포함시켜 시스템의 활동 전체를 파악할 수 있게 한다. 논리적인 해법은, 단순한 기능의 모임이 시스템 내에서 잘 작동될지를 논리적으로 검증할 수 있도록 하고 이를 통해 단순하게 나열된 시스템 기능의 부족한 부분을 보완할 수 있도록 한다. 또한 직관적으로 식별된 시스템과 외부 시스템 사이의 인터페이스 항목을 논리적으로 보완하는 것도 가능하게 한다.

논리적 해법 작성을 위해 증강 기능흐름 블록도(EFFBD), IDEF0, 데이터 흐름도(DFD) 등의 시스템 모델링 언어가 자주 쓰인다. 논리적 해법을 작성할 때는 기능은 반드시 동사 (또는 목적어 + 동사), 혹은 동명사를 사용하여 표기해야 한다. 이는 기능과 비 기능을 구분하는 데 유용하다. 다음 그림은 데이터 흐름도의 예이다. 여기서 대상 시스템은 수소차이다.

---

117) 권용수, 시스템엔지니어링 입문, 미국 DAU의 'SE Fundamentals'의 번역본
118) 이 부분은 와슨의 책 "시스템의 분석, 설계, 개발 개념, 개요 및 사례"에서 소개한 내용을 요약하여 수록한다.

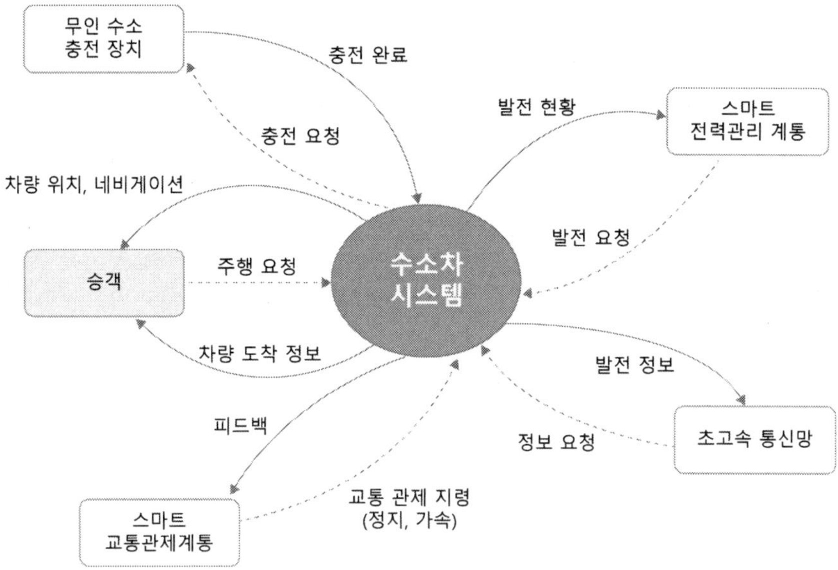

데이터 흐름도에서 대상 시스템은 원형으로 표기하고 외부 시스템은 사각형을 사용한다. 데이터의 흐름은 실선 화살표를 사용하고 제어 시그널 흐름은 점선 화살표로 표기한다. 위의 데이터 흐름도에서 왼쪽은, 수소차가 완전 무인화된 환경에서 운영된다는 가정 하에 어떻게 승객과 무인 수소 충전 장치와 스마트 교통관제계통 등의 외부 환경과 연계되는지를 보여준다. 먼저 승객은 목적지 등의 정보를 입력하고 주행 요청을 누르면 수소차는 운행을 개시한다. 운행 중에는 차량 위치와 내비게이션 정보를 제공하고, 목적지에 다다르면 도착하였음을 승객에게 알린다. 자동차가 도로에 있을 때는 스마트 교통관제 시스템이 앞차와의 거리, 자동차들의 흐름을 고려하여 교통관제 지령을 내린다. 정지하거나 가속하는 일도 교통관제 계통의 지령을 따른다. 자동차는 이 계통에 피드백을 통해 완전히 정지하였음을 알리고 다음 지령을 기다린다.

데이터 흐름도의 오른쪽 두 사각형을 보자. 자동차가 주차 위치에 들어서면 발전기로서의 기능을 준비한다. 발전 지령이 스마트 전력관리계통에서 내려지면 수소차는 발전을 시작한다. 발전을 완료하거나 문제가 생기면 이를 스마트 전력관리계통에 알린다. 마지막 인터페이스는 초고속 통신망이다. 통신망에서 정보를 요청하면 발전정보를 제공하여 발전량은 얼마나 되는지 정보를 공유한다. 물론 주행 중에도 초고속 통신망은 스마트 교통관제계통과는 별도로 수소차의 주행 및 정지를 위한 각종 정보를 제공하여 시스템이 항상 다중화[119]된 보호와 제어 기능을 갖도록 한다.

사실 앞에 그린 데이터 흐름도는 매우 간략하여 가장 기본적인 기능만을 식별하도록 도와준다. 실제 논리적 해결을 위한 각종 모델들은 훨씬 복잡해진다.

2) 성능지표 설정

성능 지표는 이해관계자 요구사항 정의 단계에서 발굴된 효과성 지표로부터 나온다. 다음 그림은 효율성 지표와 성능지표를 연결해본 것이다. 효율성 지표가 성능지표에서는 세부 지표로 분해됨을 알 수 있다. 다만 효율성 지표에 나와 있는 설비 용량과 연결되는 성능지표가 보이지 않는다. 이는 성능지표 수정을 통해 바로 잡아야 할 것이다. 시스템 요구사항 규격서에서 제시된 성능지표는 시스템 요소(컴포넌트)의 성능을 나타내는 기술 성능 지표를 발굴하는 입력으로 사용된다.

조직적이고 체계적인 시스템 개발 접근법은 일정한 제약사항을 갖는다. 창의성 역시 이 제약사항 내에서 한정된 자유만을 구사하도록 허용된다. 만일 자유를 너무 엄격하게 관리하면 구조화된 일정한 '틀' 내에서만 개발이 진행되므로 창의적인 결과가 나올 수 없다. 그러나 너무 느슨하게 관리하면 시스템 개발이 완료되지 않을 위험이 있다. 따라서 성능 요구사항 작성에는 다음과 같은 일정한 지침[120]이 적용된다.

---

119) 수소차의 보호와 제어를 위해 꼭 같은 논리를 여러 개 설치하여 하나의 논리가 불능상태가 되더라도 다른 논리가 보호와 제어기능을 담당하도록 한다.

120) 시스템엔지니어링협회 INCOSE 핸드북 3.0 교재에서 발췌

- 시스템 요소의 특성을 나타내는 파라미터를 정하고 정량화된 경계 값을 설정해야 한다.
- 제시된 설계 해결책이, 수용 가능하고 가장 가격 효율성이 높다는 논리적 확신을 제공해야 한다.
- 바람직하지 못한 특성이 포함되는 것을 방지해야 한다.
- 성능요구사항을 서술할 때는 시험, 분석, 시연, 또는 검사에 의해 이 요구사항이 검증될 수 있도록 해야 한다.
- 기기의 생존과 인명 및 장비의 안전을 확신하기 위한 요구사항이 포함되어야 한다.

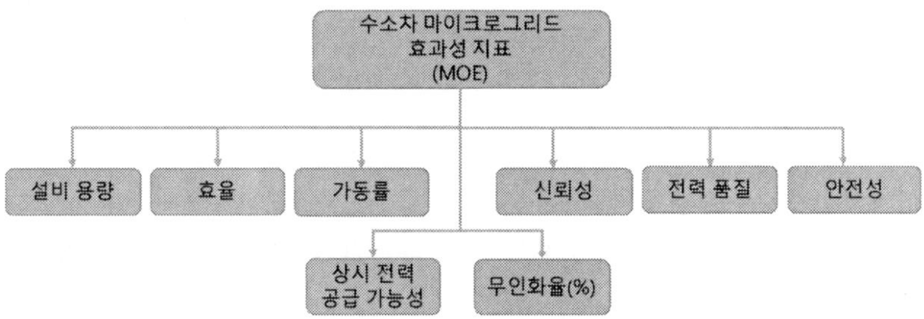

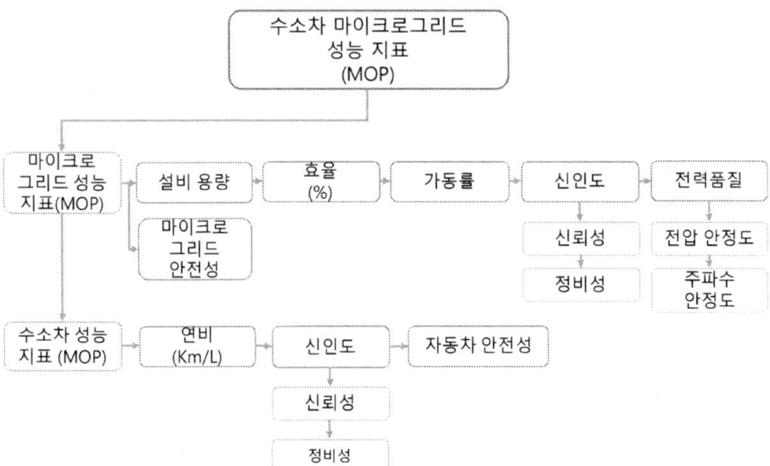

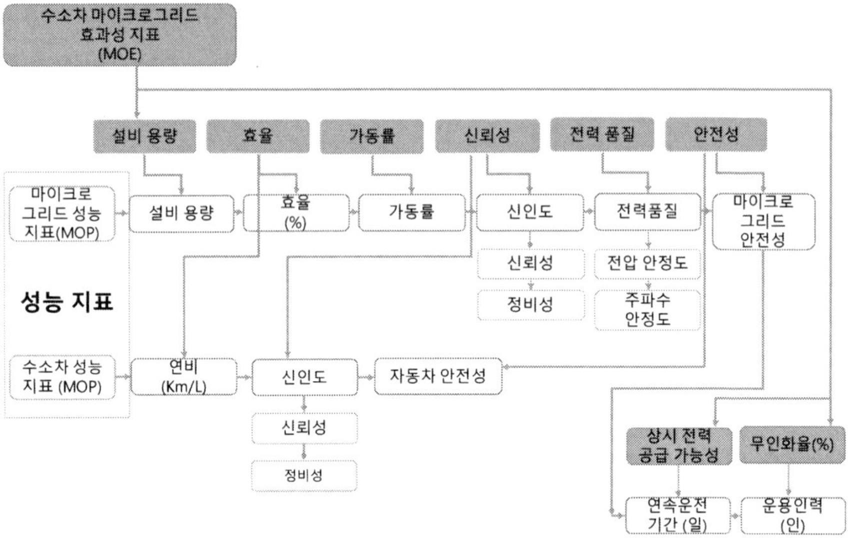

여기서 말하는 성능요구사항을 수소차에 대입해 보자. 이해관계자 요구사항 정의 과정에서 생성된 수소차의 효과성 지표(MOE)는 설비용량, 효율, 전력품질, 상시 전력공급 가능성, 운용인력, 무인화율, 가동률, 신뢰성, 안전성, 상호 운용성으로 정했다. 그렇다면 성능지표(MOP)는 이 효율성 지표와 어떠한 관계가 있는가? 위의 그림은 두 지표 간의 관계를 점선으로 연결한 것이다. 효과성 지표와 성능지표의 차이점으로는, 효과성 지표는 수소차 마이크로그리드를 대상으로 표현하고 있지만, 성능 지표는 수소차의 성능과 마이크로그리드의 성능으로 나누어 표기하고 있는 점을 들 수 있다. 필자가 생각하기에는 수소차와 마이크로그리는 독립적일 수도 서로 종속적일 수도 있기에 성능은 각각 부여하는 것이 좋을 것 같다.

그림에서 설비용량만은 수소차와 마이크로그리드가 낼 수 있는 종합 성능이므로 하나로 다뤘다. 이미 얘기했듯이 시스템의 성능지표는 이해관계자의 효과도 지표로부터 발굴하는 것이다. 이해관계자가 관심을 기울이지 않는 성능 지표는 발굴될 수 없다. 이 점에서 우리는 이해관계자 요구사항을 잘 정의하는 것이 얼마나 중요한지를 알 수 있다. 부모 없는 자식 없듯 상위 수준에서 요구가 없으면 하위 수준에서 이를 발굴할 필요가 없어진다. 시스템 수준에서 발굴된 성능 지표는 시스템 요소(컴포넌트) 수준에서의 기술성능 지표 발굴을 하는데도 쓰인다.

3) 시스템 검증방법 정의

검증[121]이란 규정된 요구사항이 충족되었음을 객관적 증거 제시를 통하여 입증하는 것이다. 개발자가 설계에서 의도한 대로 시스템이 구현되었는지 평가하는 것으로서 일을 올바로 했는가? (Do things right)가 관점이 된다. 모든 요구사항은 검증되어야 한다. 검증 방법으로는 검사, 시험, 분석, 시연 등 네 가지 방법이 사용된다. 반면 확인은 고유한 용도 또는 적용에 대한 기대치와 필요성이 충족되었음을 객관적 증거 제시를 통하여 입증하는 것이다. 최종사용자를 비롯한 수명주기 이해관계자가 시스템을 평가하는 것이며 주로 개발된 시스템을 운용환경에서 직접 사용해 봄으로써 만족 여부를 평가한다. 올바른 일을 했는가? (Do right thing)에 주안점이 있다.

이 책에서는 수소차 마이크로그리드의 검증항목으로 종합효율, 종합 신인도, 종합 가동률, 한전 배전망 상호운용성, 설비용량, 운용인력, 무인화율을 제시했다. 물론 더 많은 검증항목이 있을 것이다. 시스템 단위에서의 검증항목은 일반적으로 공장 시험을 통해 사용자에게 인계되기 전에 시험을 통해 평가한다. 그러므로 각 검증항목은 정량적 지표에 의해 관리되어야 한다. 위의 그림에서 한전 배전망과의 상호운용성은 한전의 저압 배전망과 전력을 주고받을 수 있는 능력을 평가하는 것으로 정량적 단위는 명기하지 않았다.

---

121) INCOSE의 시스템엔지니어링 핸드북은 **검증(Verification)과 확인(Validation)의 정의를** ISO 9000: 2000를 기준으로 소개하고 있다. 이 책에서도 ISO 9000의 정의를 따른다.

4) 요구사항 문서화

시스템 규격서는, 완전하고 정확하며 모호하지 않은 시스템 요구사항들의 기준선 집합이다[122]. 수소차 마이크로그리드 시스템에 대한 요구사항 규격서는 다음 그림과 같은 수준으로 작성할 수 있다. 일반적으로 이 문서는 기능 요구사항, 성능 요구사항, 제한 사항, 사용자 편의성 요구사항, 인터페이스 요구사항, 검증 요구사항으로 나누어 작성한다. 이 책에서는 기능과 성능 요구사항을 수소차 기능과 마이크로그리드 기능으로 나누어 기술하였다. 많은 제한 사항이 있을 수 있으나 지면 관계상 수록하지 않았고, 사용자 편의성도 운영환경과 운영 수명 정도만 명기하였다.

인터페이스 요구사항은 시스템 수준의 요구사항을 규격서로 발간하는데 중요한 요소 중 하나다. 한전의 기존 배전계통과는 어떻게 연계할 것인지, 스마트 교통관제계통과는 어떻게 연계할 것인지, 무인화된 수소 충전계통과는 어떻게 연계할 것인지 등을 고려하고 요구사항으로 기술해야 한다. 또한

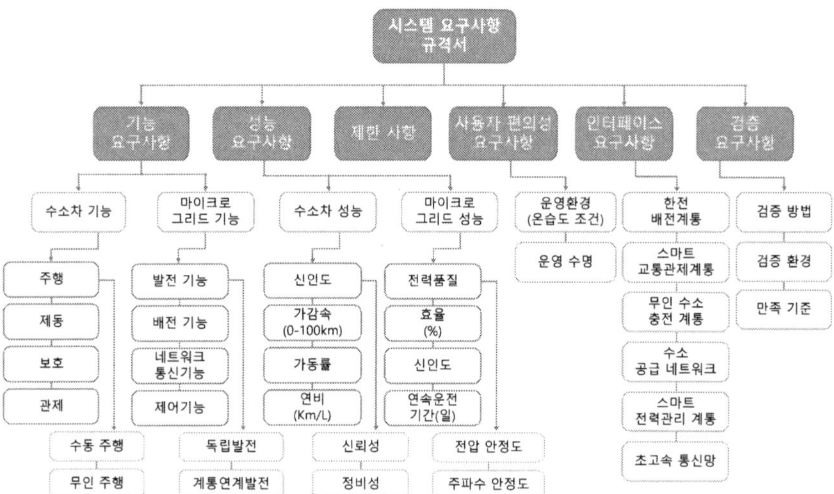

122) INCOSE 핸드북 4.0 4.3.2.5 절을 참조하였음

수소의 공급 네트워크와는 어떻게 연계하고, 스마트 전력관리 계통과는 어떻게 연계하며, 초고속 통신망을 이용한 통신은 어떻게 수행할 것인지도 고려해야 한다. 검증 요구사항은 시험을 통해 시스템의 운용성을 다루는 것으로 위에서 소개하였다.

5) 추적성 관리

시스템 요구사항 관리에서 중요한 또 하나의 활동은 시스템 요구사항이 이해관계자들의 의도를 적절히 반영하였는지를 확인하는 것이다. 이때 하위 문서인 시스템 요구사항 규격서 상에 명시된 요구사항과 이해관계자 요구사항 간 연관성을 따져본다. 이를 추적성 분석이라 한다.

그림은 원자력 분야 시스템 요구사항 규격서의 상위 문서와의 추적성을 매트릭스 형태로 작성한 예이다. 원자로보호계통(PPS)[123)]이라는 시스템의 시스템 요구사항이 상위 문서인 SRP[124)], 산업 표준 등과 어떠한 관계를 맺고 있는지를 추적하였다. 이는 상위문서에서 기능이나 성능 요구사항, 사용자 운영 요구사항, 검증 시험 요구사항을 요구하지 않았으나 하위 문서인 시스템 요구사항에서 추가하면 비용 상승의 문제가 생기고, 누락하면 시스템의 위험도가 높아질 것이기 때문이다.

따라서 요구사항 간의 추적성은 기술개발 과정 전반에 걸쳐 분석하고 관리한다. 이 추적성은 개발이 완료될 때까지 유지되며, 운영단계에서도 참조로 사용한다.

---

123) Plant Protection System : 원자로가 과도상태로 진입할 때 제어봉을 낙하하여 원자로를 긴급 정지하고, 방사성물질이 격납용기 밖으로 나가지 못하게 하고, 핵연료에 냉각수를 주입하여 노심을 보호하는 일을 하는 중요한 설비다.

124) Standard Review Plan : 원자력 발전소의 시스템이나 구조물, 컴포넌트가 안전한 상태에서 운전하도록 규제기관 차원에서 수명주기 전 과정을 검사하기 위해 마련한 검토지침이다.

DR of PPS				SAR 7.2		STD (IEEE STD 603.2009)		SECY/RG/BTP	GDC (SRP 7.2)
4.0 SYSTEM FUNCTIONS	4.1 Functions	4.1.1	Overview (PPS Function)	7.2.1.1	System Description	Clause 4		RG 1.206, C.I.7.2	20
		4.1.2	RPS Function	7.2.1.1.1	Trips	Clause 6.1 & 7.1	Automatic Control		
		4.1.2.1	VOPT	7.2.1.1.1.1 7.2.2.2.1 7.2.2.5	Variable Overpower Trip Setpoint Methodology	Clause 6.8 and ANSI/ISA 67.04.01- 2006	Setpoints	RG 1.105 BTP 7-12	20
		4.1.6	Test Function	7.2.1.1.9 7.2.2.3.3	Testing Testing Criteria	Clause 5.7, 6.5 IEEE Std 338-2006	Capability for testing and calibration	RG 1.22 RG 1.118 BTP 7-17	21
5.0 DESIGN REQUIREMENTS	5.1 Performance Requirements	5.1.3.1	RPS Design Basis	7.2.1.2	Design Bases	Clauses 4.d, 4.k, 5.2, 7.3	Completion of protective action	RG 1.153	20
		5.1.4.1	Redundancy	7.2.1.1.7	Redundancy	Clause 5.1 and IEEE Std. 379-2000	Single-failure criterion	SECY-93-087 18: II Q RG 1.53 BTP 7-19	21, 24
		5.1.4.2	Diversity	7.2.1.1.8 7.2.1.1.11	Diversity System Arrangement	Clause 6.3	Control protection interaction	RG 1.75	21, 22, 24, 29
		5.1.5	Isolation	7.2.2.3.1	General Design Criteria	Clauses 5.6.3 and IEEE Std 384-2008	Independence between safety systems and other systems	RG 1.75 BTP 7-11	22, 24
		5.1.6	Failure Considerations	7.2.2.3.2 7.2.2.4	General Design Criteria Failure Modes and Effects Analysis (FMEA)	Clause 5.5 and IEEE Std. 7-4.3.2-2003	System Integrity		21, 23
	5.2 Operational Requirements	5.2.4	Testability Requirements	7.2.1.1.9 7.2.2.3.3	Testing Testing Criteria	Clause 5.7, 5.10, 6.5 and IEEE Std 338-2006	Capability for testing and calibration	RG 1.22 RG 1.118 BTP 7-17	21
	5.3 Test Requirements								

라. 시스템 아키텍처 및 설계정의 과정[125)]

다음 그림은 이해관계자 요구사항으로부터 시스템 요구사항이 발굴되고, 시스템 수준의 요구사항이 시스템 요소 수준으로 나뉜 뒤 시스템 설계 규격서로 작성되는 과정을 보여준다. 여기서 중요한 것은 기능 요구사항을 분할하여 많은 세부기능을 얻고 이 세부기능을 물리적인 하위 시스템으로 할당하여 시스템 설계를 완성한다는 것이다.

125) 이 책에서는 INCOSE 핸드북 4.0에서 아키텍처 정의 과정과 설계정의 과정으로 나눈 것을 하나의 과정으로 합쳐 설명한다. 아키텍처는 건물 또는 다른 구조물을 계획하고 설계하고 건설한 결과물과 이의 과정을 뜻하기도 한다.(위키피디아 참조)

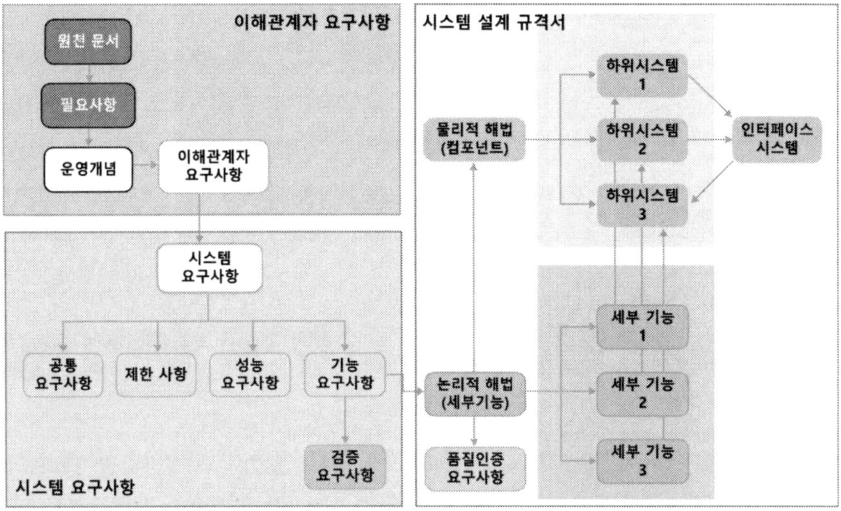

기능을 분할하고 이를 다시 하위 시스템으로 할당하는 일련의 과정을 시스템 아키텍처라고 한다. 사실, 아키텍처라는 외래어는 적당한 우리말로 바꾸기가 여간 까다롭지 않은데, 과거 건축을 아키텍처 한다고 할 때 청사진으로 번역한 것은 참 이해하기가 쉬웠다. 하지만 시스템을 엔지니어링 하는 과정에서 이 아키텍처를 우리말로 옮기는 데 한계를 느껴 아키텍처라는 외래어 표기를 그대로 사용하였다.

아키텍처 정의단계란 요구사항으로 정의된 시스템의 임무를 물리적인 요소들에 할당하는 것이다. 다음의 그림을 보자. 이 수소차의 시스템 요소들은 시스템 요구사항 정의과정에서 언급한 네 가지 기능으로부터 나왔다. 주행, 제동, 보호, 관제 기능이 그것이다. 이 기능을 세부적인 기능으로 나누고 물리적 시스템 요소인 하위 시스템에 할당한 것이 수소차 아키텍처다.

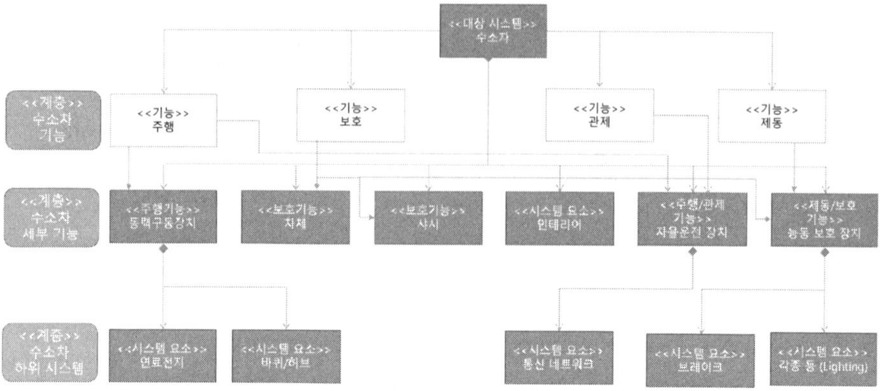

이 그림에는 마이크로그리드 기능이 포함되지 않았다. 수소차 마이크로그리드를 아키텍처 하려면 더 많은 시스템 요소가 발굴되어야 최종적으로 부품 단위까지 식별할 수 있을 것이다. 국내에 많은 전문가들이 상세한 수준까지 아키텍처를 이미 진행하였을 것으로 생각되어 이 책에서는 심도 있게 다루지 않았다.

아키텍처 정의 과정에서는 다음의 단계가 필요하다.

- 기능적 아키텍처를 물리적 시스템으로 변환
- 대안 시스템 개념, 물리적 형상품목 및 시스템 요소 정의
- 선호하는 제품과 해결방안 선정
- 물리적 내부 및 외부 인터페이스(내부/외부)의 정의와 보완

시스템 정의의 궁극적 목표는 외부 인터페이스를 포함한 요구사항을 충족하고, 기능 아키텍처를 구현하며, 시간, 예산, 가용 지식 및 기술, 기타 자원의 제한범위 안에서 최적 솔루션에 최대한 접근한 시스템 아키텍처를 완성하는 것이다. 이때 기술 성숙도와 가용한 요소가, 수용 가능한 위험도 내에서 일관성을 유지하도록 하는 것도 중요하다.

이 아키텍처를 자율운전이 가능한 수소차로 확장해 보자. 다음과 같은 그림을 얻을 수 있을 것이다. 이 그림에서는 수소차의 시스템 요소로서, 기존 자동차 요소와 공유할 수 있는 부분과 수소차 특화 요소로 나누어 표기하였다. 특히 무인/자율 운전장치로는 이미 현대자동차에서 소개하고 있는 주행 보조장치, 원격 자동주차 장치, 차로 유지 보조 장치를 하위 수준의 시스템 요소로 식별하였다. 이처럼 아키텍처 역시 관점에 따라 물리적 요소를 달리 식별할 수도 있다.

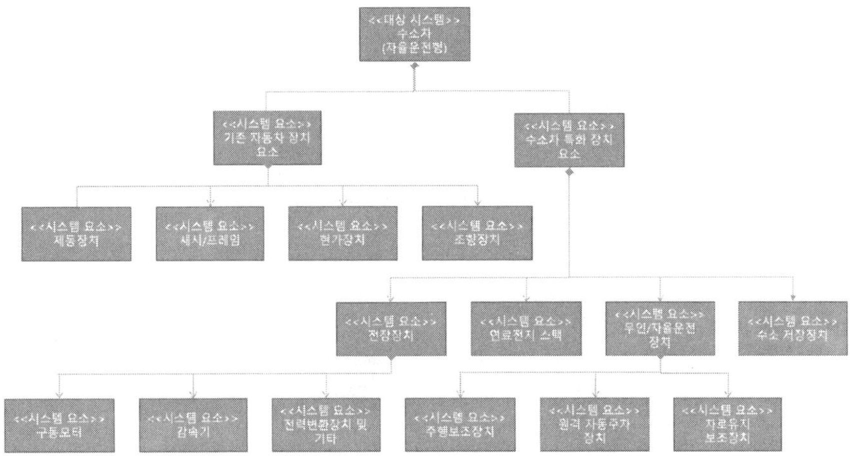

다음 그림은 수소차를 이용한 아파트 단지 마이크로그리드를 스마트 전력 중계기와 연계하여 A, B, C 세 단지를 연결한 것이다. 한전 배전망과는 스마트 전력 중계기를 통해 연계됨을 알 수 있다.

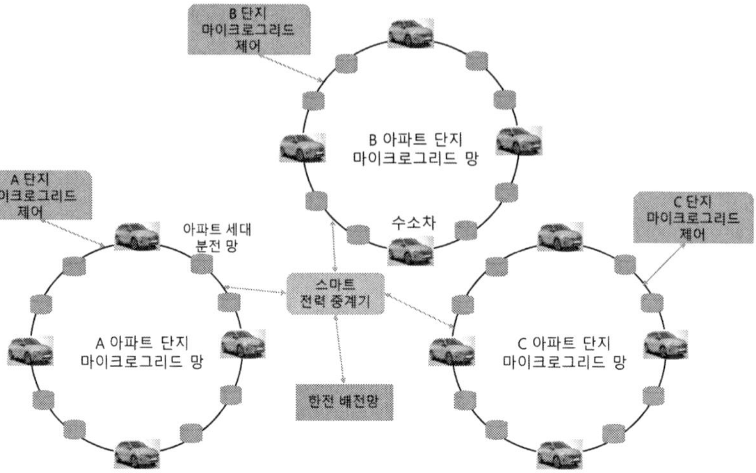

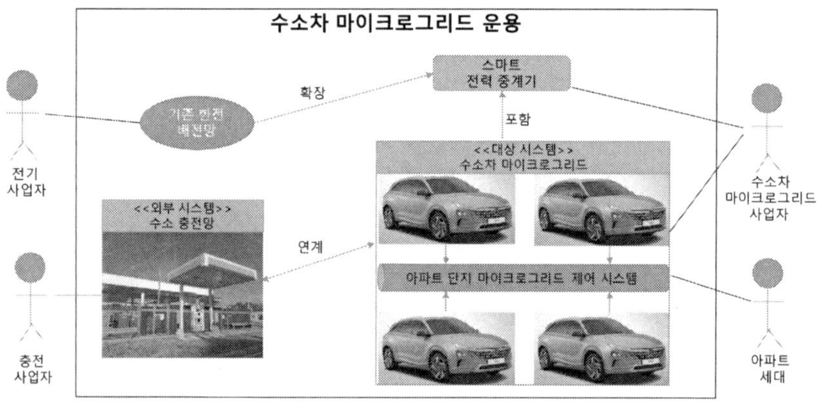

위 그림은 수소차 마이크로그리드와 운영관점의 이해관계자가 어떻게 연계되고 대상 시스템 및 외부 시스템과는 어떻게 연결되는지를 모델로 나타낸 것이다. 이와 같은 간단한 쓰임새도를 통해 설계 정의 규격서의 내용을 좀 더 직관적으로 이해하기 쉽게 만들 수 있고, 다양한 시스템 요소들을 좀 더 상세히 식별할 수도 있다.

이 책에서는 시스템 구성요소를 식별하고 발굴하기 위한 다양한 대안들을 평가하지는 않았으나 실무에서는 대안을 분석하고 평가하지 않고는 최종적으로 설계를 정의할 수 없다. 수소차의 경우에도 위 그림에서 나타난 것과 같이 기존 자동차 요소를 사용하거나, 새로운 요소를 추가하는 작업이 필요하다.

1) 기술성능 지표[126] 설정

아키텍처 정의 과정에서 얘기하는 기술 성능지표는 시스템 요구 사항에서 정의하는 성능 지표로 부터 시스템 요소단위로 분화된 것이다. 다음 그림에서 수소차에 특화된 시스템 요소의 하나인 연료전지 스택은, 막전극 집합체, 기체 확산층, 분리판, 개스킷, 체결기구, 인클로저와 같은 부품으로 다시 세분화 할 수 있다. 이때 각 부품의 기술성능지표는 연료전지 스택의 시스템 요소를 기준으로 다시 세분화된다.

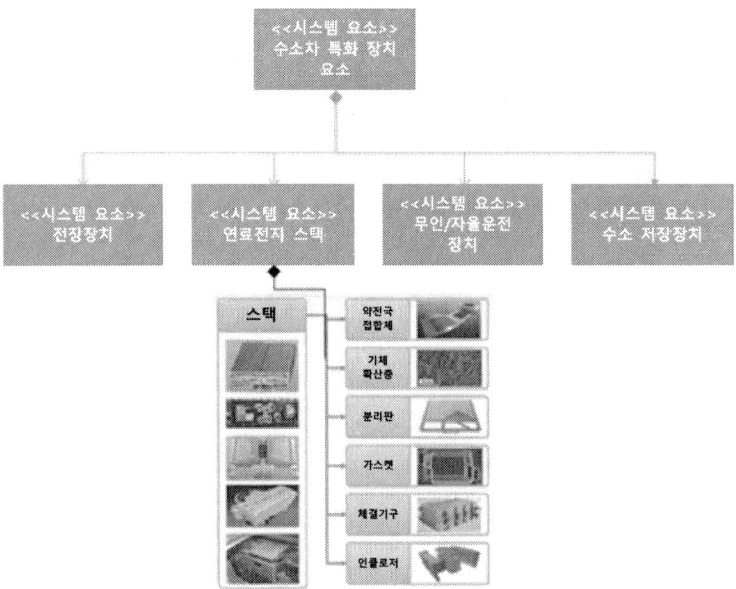

126) Technical Performance Measure (TPM)을 기술성능 지표로 옮겼다.

수소차에서 가장 중요한 연료전지 스택을 미국 에너지부에서 시스템 요소로 식별하여 발표한 기술성능 지표127)가 있어 여기에 소개한다. 이 지표에 a), b), c) 등으로 표시된 항목은 미국 에너지부의 원문 자료에서 참고한 문헌으로서 현대차에서 발표한 수소차 지표의 많은 부분을 참조하였다. 역시 기술의 선도자 위치는 표준과 지표를 생성하는 데도 힘을 발휘함을 알 수 있다.

Characteristic	Units	2015 Status	2020 Targets	Ultimate Targets
Peak energy efficiency[b]	%	60[c]	65	70
Power density	W/L	640[d]	650	850
Specific power	W/kg	659[e]	650	650
Cost[f]	$\$/kW_{net}$	53[g]	40	30
Cold start-up time to 50% of rated power				
@-20℃ ambient temperature	seconds	20[h]	30	30
@+20℃ ambient temperature	seconds	〈10[h]	5	5
Start-up and shutdown energy[i]				
from -20℃ ambient temperature	MJ	7.5	5	5
from +20℃ ambient temperature	MJ	–	1	1
Durability in automotive drive cycle	hours	3,900[j]	5,000[k]	8,000[k]
Start-up/shutdown durability[l]	cycles	–	5,000	5,000
Assi sted start from low temperatures[m]	℃	–	-40	-40
Unassisted start from low temperatures[m]	℃	-30[n]	-30	-30

현대·기아차의 연료전지 자동차 전용 플랫폼인 I-Blue의 규격과 성능을 소개하면 다음 표와 같다. 이 자료는 2008년에 발표되어 현재 시중에 발표된 자동차 규격 및 성능과 상이할 수 있다.128) 미 에너지부의 보고서상의 지표와 현대차가 발표 자료에서 소개한 지표 중, 효율 지표는 2015년 기준으로는 일치하나 궁극적인 목표는 70%로 상승하는 것으로 설정하고 있다. 연료전지의 출력밀도나 비(比)출력 등의 항목은 현대차의 발표 자료에서는 생략되었으나 미 에너지부의 지표 역시 현대차 등의 보고서를 기준으로 작성된 것으로 파악되었다.129)

127) 미국 에너지성 (DOE, Department of Energy), DOE Technical Targets for Fuel Cell Systems and Stacks for Transportation Applications, Technical Targets: 80-kWe (net) Integrated Transportation Fuel Cell Power Systems Operating on Direct Hydrogen 표를 전제하였다.

128) 임태원, 현대-기아 수소연료전지자동차, 2008. 11

현대차의 지표는 2015년 목표치를 기준으로 작성하였다. 현실적으로 가장 중요한 점은 내구성 지표이다. 하루 8시간을 기준으로 8000시간의 내구성을 가진 수소차를 마이크로그리드용 발전설비로 이용할 때 약 30%의 가용도를 기준으로 계산하면, 약 9년 동안 발전기로 사용할 수 있다는 계산이 나온다. 이는 현재의 차량 교체 주기 10년보다 다소 짧다. 물론 연료전지시스템은 교체할 수 있고 이의 가격도 2015년 기준 약 3백만 원대이므로 이를 교체하여 지속해서 발전기로 사용하는 것이 더 경제적일 수는 있겠다.

성능 항목	지표
주행거리	600 km
최대속도	170 kph
연료전지 파워	100 kW
구동 모터	FR In-line 100 kW, RR In-wheel 20 kW×2
스택 금속분리판	100 kW급
연료전지시스템 효율	60%
저온 시동성	-30℃
수소 충전 압력	700 Bar
연료전지시스템 내구성	5,000 hr

2) 설계정의를 위한 절충연구

다양한 절충연구 방법이 시스템의 설계 정의과정에 적용될 수 있다. 평가와 적절한 기법의 선정이 이루어지면, 기술성능지표 등을 이용하여 대안을 결정하게 된다. 다음의 그림은 대안 분석 과정을 나타낸 것[130] 으로서 수소

129) John Juriga, Hyundai Motor Group's Development of the Fuel Cell Electric Vehicle, 2012
130) B. S. Blanchard, Systems Engineering and Analysis, Prentice Hall

차에 적용하기 위해서는 이 과정을 좀 더 다듬어 수소차 마이크로그리드에 꼭 맞는 형태의 과정으로 만드는 것이 필요할 것이다. 특히 그림에서는 성능, 효과도, 수명주기 비용을 기준으로 평가 기준을 선정하고 이들 지표에 대해 높은 가중치를 부여하도록 권고하고 있으나 미 에너지부의 연료전지 차량용 엔진의 목표는 내구성, 가격, 저온 시동성, 귀금속 전극 촉매의 함량 등도 포함되어 있다. 또한 차량용 품질 확보를 위해 현대차가 선정한 개발 이슈로는 성능 및 내구성, 가격, 부피 및 중량, 안전성, 모듈화 조립성 등이 포함되어 있어 설계 정의 단계의 대안 정의과정이 매우 복잡할 것임을 암시하고 있기도 하다. 본 건은 필자의 지식수준을 넘는 사항이므로 나열하는 정도로 끝내고자 한다.

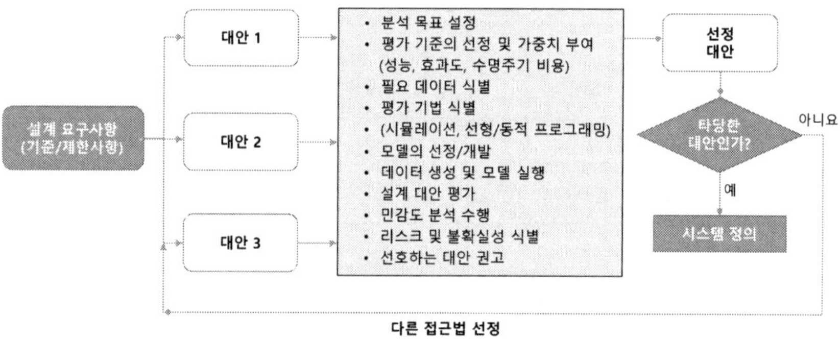

그림에서 대안이 되는 아키텍처는 시뮬레이션이나 선형적/동적인 분석 과정을 거쳐 평가하게 된다. 또한 민감도[131]를 분석하고, 리스크와 불확실성을 식별하고 분석하여 이 결과를 토대로 최종적으로 하나의 대안을 선정한다. 만일 선정된 대안이 타당하지 않을 경우에는 다른 접근법을 선정하기 위해 초기의 분석 상태로 되돌려진다. 물론 타당한 대안의 경우에는 이 대안을 기준으로 아키텍처를 선정한다.

---

131) 민감도 분석 : 통상 비용과 편익 등을 변화시켜 미래의 가치를 예상할 수 있도록 하는데 많이 쓰인다.

3) 아키텍처 예 : 스마트 전력중계기

수소차 마이크로그리드에서 생산된 전기는 어떻게 유통시킬 것인가? 지금은 한전이라는 전력회사에 의해 모든 전력이 분배되고 거래되지만, 앞으로 마이크로그리드가 활성화되면, P2P[132] 전력거래를 포함한 생산자 간 거래가 활발해질 것이다. 이때 중요한 기술이 바로 스마트 전력중계기다. 이는 블록체인 기술을 기반으로 전력 이용 정보를 공유하고 거래에서 발생하는 수익을 비트코인이나 이더리움과 같은 암호화된 화폐로 지불하는 체제를 활용할 수 있다. 선택할 수 있는 많은 전력중계기 아키텍처 옵션들이 시장에 소개되고 있으므로 하나의 대안을 선정하기 위해서는 역시 분석이 필요하다.

다양한 전력중계기 대안 중 블록체인 기술을 이용해 개인 간 거래를 지원하는 방법이 비교적 상세하게 설명한 자료가 있기에 소개한다. Energo[133]에서 개발한 블록체인 기반의 거래 방식은, 발전량을 스마트 미터기에 기록하고 소비자와 공급자 간에는 경매를 통해 전기 공급가격을 결정한다. 스마트 계약에 의해 거래가 승인되면 소비자는 저장된 전력을 공급받고 판매된 전력량을 분산된 장부에 기록한다. 이를 통해 분산형 자율 전기공급 시스템에 대한 아키텍처가 만들어진다. 그림은 Energo의 스마트 전력중계기 아키텍처 개념이다.

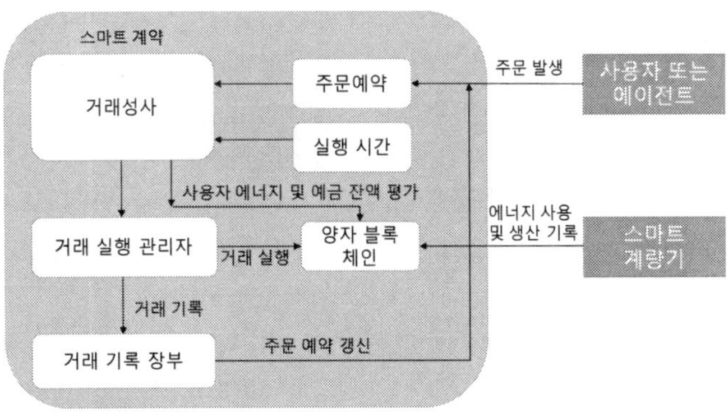

132) Peer to Peer : 개인간 전력거래
133) Energo Labs white paper(2017), "Decentralized Autonomous Energy System"

외부 인터페이스로는 사용자 또는 이를 자동으로 대체하는 에이전트[134]와 스마트 계량기가 있고, 내부에는 경매와 계약을 거쳐 전력을 공급하는 스마트 계약 알고리즘이 있다. 모든 거래 대금결제는 양자 블록체인에 의해 가상화폐로 이뤄진다.

이상과 같이 간략하게 아키텍처와 설계 정의에 대해 알아보았다. 설계 정의의 결과는 시스템 설계 규격서로 문서화된다.

4) 시스템 설계 규격서

다음 그림은 원자력발전소의 계측제어시스템 설계과정에서 입력과 출력물로 발행되는 문서의 종류를 보여준다. 오른쪽에는 입력 문서와 요건이 시스템 설계의 입력으로 표기되어 있다. 중간에 시스템 설계과정이 나타나고 이 과정에서 오른쪽의 문서들이 생성된다. 시스템 설계에서 있어 가장 중요한 문서는 시스템 요건문서와 시스템 설계규격서이다. 특히 시스템 설계 규격서는 시스템 구현을 위한 입력이 된다.

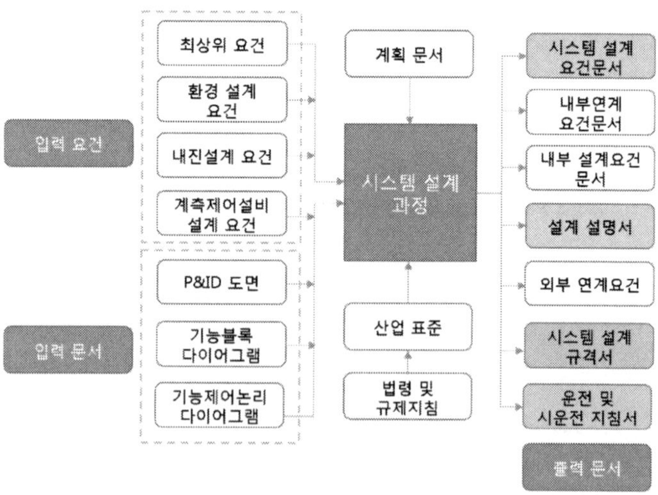

134) 영화 매트릭스에서 '스미스 요원'이 바로 에이전트다. 사용자의 개입 없이 주기적으로 정보를 모으거나 또는 특정 서비스를 수행하는 프로그램이다. 지능형 에이전트라고도 부른다.

출력 문서에서 중요한 것 중 하나는 외부 연계요건이다. 시스템 경계 내에 속하지 않는 인터페이스 요건은 시스템의 안정적 작동에 매우 중요하다, 또 하나의 중요 문서는 운전 및 시운전 지침서다. 이 문서에는 시운전 과정에서 수행해야 할 시스템 요소 수준의 시험 항목과 합격 판정 기준이 명기된다. 시스템 설계 규격서는 시스템의 기능을 분할하고 이를 물리적인 하위 시스템 요소로 연결시킨 문서로서 구성이 복잡하여 구현을 담당하는 기술자가 한눈에 파악하기 어려울 수 있다. 이때 활용되는 문서가 설계 설명서이다. 각 기능이 물리적으로 어떻게 세부적으로 구현되는지를 상세한 설명과 그림을 통해 구현 담당자에게 설명하는 목적으로 작성된다.

다음의 표는 원자력발전소 계측제어시스템 설계 결과물인 시스템 요구문서와 시스템 설계 규격서의 목차를 비교하여 보여준다. 시스템 요구문서 4.1의 기능이 시스템 설계 규격서 3장에서 분할되어 5장의 하드웨어 형상과 연결되는 것을 알 수 있다. 또 하나 주목해야 할 점은 시스템 요구문서 목차에는 5.3 시험요건으로 확인 및 시험요건이 들어있는 반면, 시스템 설계 규격서 10장에는 품질 요건이 들어 있다는 점이다. 품질 요건은 설계 단계의 완성도를 평가하기 위한 시험 및 평가 항목이 포함되어 있다. 또한 시스템 요건문서의 5.1은 성능 요건으로서 성능 지표가 되고, 시스템 설계 규격서의 7, 8, 9장은 기술 성능 지표로 활용된다.

시스템 요구문서 목차

1장 목적
2장 범위
3장 참조 문서
4장 시스템 기능
  4.1 기능
  4.2 제한 사항
5장 설계 요건
  5.1 성능 요건
  5.2 운전 요건
  5.3 시험요건
    (확인 및 검증 시험요건 등)
  5.4 설계 인터페이스

시스템 설계 규격서 목차

1장 개요
2장 아키텍처 설명
3장 기능 분할
4장 인터페이스 및 통신
5장 하드웨어 형상
6장 일반적인 정비, 시험, 교정 요건
7장 정확도 요건
8장 응답시간 요건
9장 전력 및 접지 요건
10장 품질 요건
11장 접근 통제 및 보안 요건
12장 식별 (명판, 열쇄 관리, 컴퓨터신호)
13장 운송, 보관 및 취급 요건
14장 예비품 관리 요건

마. 시스템 분석

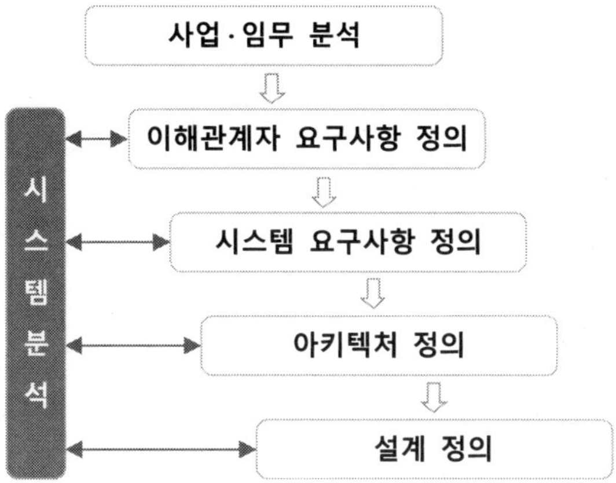

시스템 분석은 시스템 접근법을 이용한 활동으로 하나 이상의 인공 시스템을 평가하는 것을 말한다. 예를 들면;

- 요구되는 특성과 거동을 기반으로 평가 기준을 정의한다. 여기서 요구되는 특성과 거동은 식별된 문제나 시스템의 기회 상황에 따라 달라진다.
- 후보가 되는 해결책을, 이 기준에 따라 비교하여 특성과 거동을 분석한다.
- 장래에 이루어질 대안 선택과 함께, 해결책 후보들의 평가결과를 비교하여 문제를 해결하고 기회를 이용할 수 있는지 식별한다.

이 시스템 분석은 기술개발 과정의 문제 정의와 분해 과정인 이해관계자 요구사항 정의 과정부터 설계 정의 과정까지 두루 연관된다. 존 깁슨과 윌리엄 세러는 저서 "시스템 분석을 어떻게 해야 하는가[135]"에서 시스템 분석의 황금률을 다음과 같이 제시한다.

135) John E. Gibson, William T. Scherer, How to Systems Analysis, A John Wiley and Sons

원칙 1 : 언제나 고객이 우선이다.

원칙 2 : 당신의 고객은 그의 문제가 무엇인지 이해하지 못한다.

원칙 3 : 고객은 특정한 문제만을 강조한다. 일반화시켜 문제의 맥을 집는 것도 분석가의 몫이다.

원칙 4 : 고객은 성능에 대한 개념을 잘 이해하지 못한다.

원칙 5 : 당신은 분석가다. 의사결정권자가 아니다.

원칙 6 : 일의 마감 시간과 예산을 지켜라

원칙 7 : 문제에 대해 목표 중심의 접근법을 사용하라. 기술 중심이나 시간 중심의 접근법을 사용해서는 안 된다.

원칙 8 : 분석 단계와 최종 권고 단계에 시스템의 비사용자도 반드시 고려하라.

원칙 9 : 만능의 컴퓨터 모델을 기대하지 마라. 환상이다.

원칙10 : 공공 시스템에 대한 각 의사 결정자에게 주어진 역할이 종종 불분명할 때가 있다.

원칙 7은 '단계적' 접근법의 문제점을 지적한다. 단계적 접근법은 각 단계마다 불연속성을 만들 수 있다. 기술 중심의 접근법 역시 마찬가지다. 기술을 중심에 둔다면 선택지는 좁아지고, 최적의 시스템이 개발되기 어려울 수도 있다.

원칙 8은 비사용자 (반대자)를 고려하지 않고 일을 진행한다면 사업이 원활하게 진행되지 않을 것임을 강조한다. 그들의 반대의견을 어떻게 시스템 개발에 반영할 수 있는지 역시 분석단계에서 고려해야 할 중요한 사항 중 하나다.

마지막 원칙 10의 원어 표현은 "혼란스러운 일일 수 있다"였다. 시스템 분석가는 일을 수행하면서 다양한 이해관계자를 만난다. 일을 잘되게 하는 사람, 반대하는 사람, 일을 시작한 사람, 일에 대해 조언을 하는 사람 등이다.

원칙 10은 이러한 개개인이 자신의 역할에 대해 정확한 이해를 하지 못하고 있는 혼란스러운 상황을 경계하고 있다.

존 깁슨과 윌리엄 세러의 책은 분석을 통해 최상의 해법을 발굴하는 사례를 보여주지는 않는다. 그러나 우리는 이미 최상의 해법이 비용, 리스크와 효과를 이해하는 것으로부터 나온다는 것을 알고 있다. 따라서 최상의 해법을 얻는다는 것은 비용을 계산하고, 리스크를 분석하여 논리적으로 수용 가능한 리스크만을 수용할 수 있도록 하며, 발굴된 성능지표와 기술성능지표의 분석을 통해 시스템 도입에 대한 전체적인 효과를 분석하여 비용, 리스크와 효과의 세 분석 항목이 균형을 이룰 때 가능하다는 것을 알고 있다. 수소차 마이크로그리드를 비롯한 인간이 만드는 시스템의 개발과정에 왜 시스템 분석이 이해관계자 요구사항 정의단계로부터 설계 정의에 이르기까지 계속 필요한가를 이해할 수 있는 대목이다.

西生浦口에서 : 콜드브루 바빈스키 커피 이야기[136)]

한국에서는 "더치커피"로 잘 알려진 "콜드 브루" 커피. 시험관처럼 생긴 도구를 통해 대략 1초에 한 방울씩 천천히 물방울을 커피 가루에 떨어 뜨려 추출하는 커피다. 한잔을 만드는 데 몇 시간이 걸린다. 속설에는 네덜란드가 인도네시아를 식민지로 삼았을 때 이 커피가 시작되었다고 한다. 본국과 식민지를 오가는 뱃사람들이 오랜 선상 생활에서 좋은 커피를 마실 수는 없는 노릇. 커피 가루를 냉수에 넣어 우려내어 먹은 데서 비롯되었다는 얘기가 있고, 마니아 노릇에 열심인 일본인들이 신조어인 "더치커피"를 만들고 제조법을 더욱 발전시켰다고도 한다.

향이 좋고, 독특한 맛이 나며, 숙성을 시키면 맛이 더욱 좋아진다고 하니 각종 커피의 맛을 탐색하는 호사가들이 찾는 궁극의 커피라고나 할까? 커피 전성시대에 새로이 각광받는 이 커피를 Y 사에서 제품화하여 시장에 출시하였다. 효과는? 하루 평균 매출 2억 원 월 매출이 40억~50억 원 수준이고 "전동카트를 탄 배달원 아줌마"의 기존 공급망을 통해 하루 9-10만 병 이상이 판매된다. 이 커피가 인기를 끌면서 "배달원 아줌마" 찾기 앱의 다운로드 수도 급격히 늘었다고 하니 성공적인 사업 모델임이 틀림없다.

유산균 음료와 주스 등을 판매해온 Y사와 카페인 성분이 강한 커피와는 별 상관이 없어 보인다. 새로운 아이템 측면의 커피 사업 모델이야 도전해 볼 만 하지만 기업의 이미지와의 관련성은 크지 않다. 수면과 커피와는 분명 상관관계가 크다. 필자의 경우 저녁에 커피를 한잔 마신 날, 카페인 효과로 인해 숙면을 방해받은 경험이 여러 번 있다. 하지만 원두커피를 하루 한 두잔 정도 마시면 건강에 도움이 된다는 연구결과도 여러 편 있으니 브랜드 정체성과 부합하는 것이라고 이 회사는 판단했다.

136) 본 자료는 비즈니스 매거진 DBR(동아일보 사) 2017. 6월 20일자 기사를 기본으로 시스템엔지니어링 기술 과정의 중요 사항들을 식별하기 위한 용도로 재구성하였다.

새로운 사업을 준비하면서 이 회사가 가장 먼저 생각한 것은 커피를 보다 건강하게 마실 방법은 무엇인가였다고 한다. 답은 "첨가물이 없이 신선해야 한다."는 것. 그렇다면 신선한 제품은 어떻게 만들어질까? 제조사는 이 커피의 본래의 향과 맛을 음미할 수 기간은 로스팅 후 2주 정도라는 것을 알아냈다. 2주라는 기간이 이 제품에 주어진 제한사항인 셈이다. 짧은 유통기간이라는 제한사항은 경쟁자에게는 걸림돌이 될 수 있겠지만 "전동카트를 탄 배달원 아줌마"라는 강력한 유통망을 지닌 이 회사에는 도리어 강점으로 작용하는 것으로 분석되었다. "가장 맛이 좋을 때 소비자에게 냉장이 되는 전동카트에서 커피를 직접 제공할 수 있다"는 결론을 얻은 것이다.

홍보와 사업 안정화 측면에서의 고려도 있었다. 전문가와의 협업을 통해 콜드브루의 가치를 창출할 수 있는 일에 착수했다. 미국의 바리스타 챔피언십 우승자 찰스 바빈스키와의 협업을 통해 신뢰 마케팅에 나선 것이다. 커피란 전문점이나 편의점 등에서 사서 마시는 것이라는 개념을, 방문 판매원이 배달해 준다는 차별화된 서비스와 구매형태로 바꿨다. 구매형태를 고객의 입장에서 배려하고, 제품 디자인을 고려함으로써 편리성과 "신선하다"이라는 새로운 만족도를 창출했다. 제조사가 사업 적 가치를 얻기 위해 내건 요구사항은 다음과 같다.

- 1년 이내의 프리미엄 햇 원두만을 엄선해 로스팅한다.
- 커피를 내리는 물 역시 맛을 크게 좌우하므로 엄격하게 관리한다.
- 콜드브루의 맛을 제대로 즐길 수 있는 10일 동안만 제품을 판매하여 신선함을 유지한다.
- 소비자에게 친숙한 "전동카트를 탄 배달원 아줌마"가 직접 고객에게 제품을 배달하도록 하여 고객의 기대와 요구를 충족한다.

자 이상과 같은 콜드브루 비즈니스를 시스템엔지니어링 관점에서 분석해 보자.[137)]

가. 사업, 임무 분석 (지원 시스템, 제품, 서비스) 필요성은 무엇인가?

"콜드 브루“ 커피라는 제품과 배달 및 판매라는 서비스를 특징으로 하는 Y 사 경영진 입장에서는 어떤 특성을 갖는 제품 (예를 들어 첨가물이 없는 신선한 제품 등)과 어떤 서비스 (아줌마의 가정 및 직장 배달 +길거리 판매)를 어떻게 잘 통합하여 신제품 도입 및 사업 확장에 성공할 것인가를 당연히 생각할 것이다. “제품” 개발에만 전념하면 고객의 취향이나 경쟁업체 등 시장 환경, 정부나 지자체 등의 위생문제 제기 및 길거리 판매 허용 여부 등 각종 규제 등을 고려하지 못할 수 있으므로, 시스템엔지니어링에서는 “제품”에 신경 쓰기 이전에 먼저 제품을 둘러싼 한 단계 상위 레벨의 비즈니스 “상황(Context)”의 분석을 강조한다.

나. 문제와 기회 공간은 어떻게 정의할 수 있나? 또한 조직의 목표와 목적은 어떻게 정의할까?

Y라는 사업체의 입장에서 무슨 결정적인 위기를 맞이하여 새로운 타개책으로 이 커피를 출시한 것은 아닐 것이다. 따라서 이것은 “문제 공간”으로 분석하기보다는 “기회 공간”의 개념으로 풀어가는 것이 좋을 것이다. 신제품을 남보다 앞서 도입함으로써 새로운 시장을 개척하고 Y 사가 가진 장점을 활용하면서 브랜드 이미지를 더욱 강화하고 고객들에게 다양한 서비스를 제공할 수 있는 것이 바로 기회 공간이 될 것이다. “Goal 모델”을 사용하여 이를 그림으로 표현해 보면 다음과 같은 결과가 나온다.

137) 본 분석과정에는 한국시스템엔지니어링학회 부회장이신 한명덕 교수님이 참여하여 고견을 주셨다.

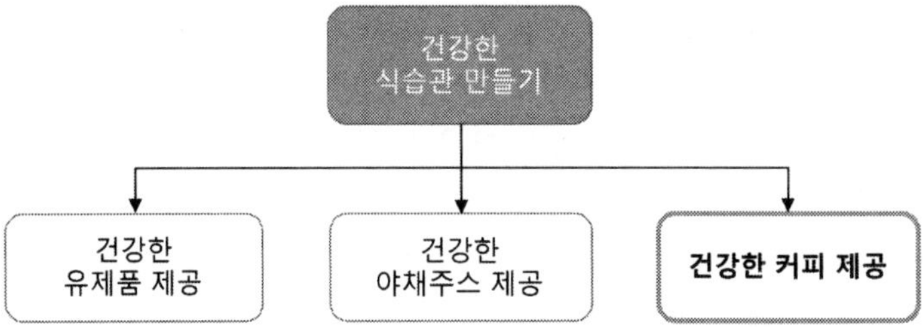

<조직의 목적>

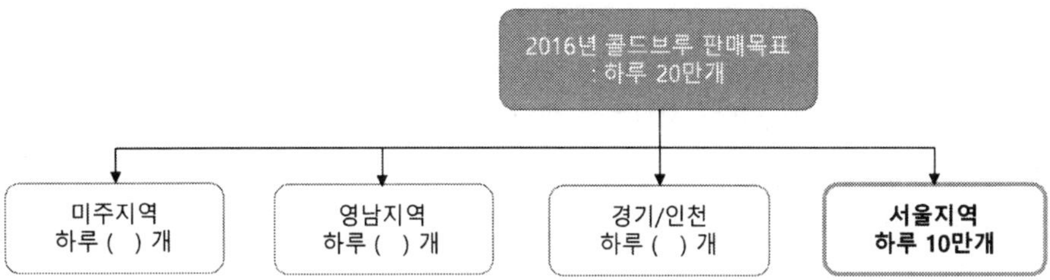

<판매목표>

엔터프라이즈 레벨의 운용개념(ConOps)을 식별한다.

엔터프라이즈 입장에서 Y 사는 이 커피를 기존 유산균 음료에 추가함으로써 “건강한 식습관”이라는 브랜드 이미지를 견지하면서 배달 식품에 “건강한 커피”라는 새로운 상품을 추가한다. "콜드 브루“ 커피는 기존의 고온 추출 방식을 피하고 저온 추출 기술을 선택함으로써 카페인은 줄이고 향미는 높이는 신제품이다. 이 커피는 추출 후 4일~15일 안에 마시면 향미가 충분히 유지되고 산패가 진행되기 전이라 신선한 커피 맛을 즐길 수 있다. 방부제 등 첨가물이 들어가지 않은 제품이라서 15일이 지나면 산패가 시작되어 장기 보관에는 불리하다. 그러므로 기존의 편의점이나 매장에서 장기 보관하며 팔기에는 부적합하나 “전동카트로 배달하는 아줌마” 등 기존 배달 판매망을 확보한 Y 사로서는 이 커피 특유의 신선도를 유지하면서 짧은 유통기한이라는 제약조건을 극복할 수 있어 오히려 경쟁자들보다 유리한 측면이 있다.

생산물을 커피로 한정할 때 운영개념 (OPsCon)을 어떻게 정의할 것인가?

"콜드 브루“ 커피는 미국 바리스타 챔피언십 우승자인 찰스 바빈스키와 협업을 통해 '콜드브루 by 바빈스키 아메리카노, 라떼, 앰플' 3종을 출시한다. 출시는 서울 지역을 우선으로, 전국 지역으로 확대한다. 3 가지 제품을 동일한 모양의 용기에 담아 판매하되, 제품 종류를 구별할 수 있게 용기의 색깔을 구분한다. 판매는 배달/판매망을 이용한다. 신선도를 중시하여 로스팅 후 4일~10일 이내에 판매하고, 10일이 지난 것은 폐기한다. 유통기한이 지난 커피를 본사로 반납/수거하여 폐기할 것인지? 아니면 각 지역 단위 폐기 책임자를 지정하여 폐기 임무를 수행하도록 할 것인지? 유통기한이 초과된 제품을 수거하고 폐기하는 임무를 누가, 어떻게 감독할 것인지 등등의 운영개념도 설정되어야 한다. 고객이 신선도에 의심을 품지 않고 믿고 구입할 수 있도록 제도적 장치를 마련한다. 제품마다 로스팅 일자, 유통기한 표시를 부착한다든지 등의 적극적인 알림은 제품에 대한 신뢰도를 높이는 효과를 가져올 것이다. 제품의 신선도를 비롯하여 이물질 포함 여부, 포장 용기의 청결성, 배달용 전동카트에 커피 온도를 조절할 수 있는 기능과 이를 감독할 수 있는 신선도 품질 관리체계도 마련되어야 한다.

지원 시스템을 어디까지 식별할까?

가장 중요한 지원 시스템은 “배달원”에 대한 교육훈련이다. 이 커피의 신선도를 유지하는 것이 얼마나 중요한가? 유통기한 초과 제품 반납의 필요성. 지침 위배 시 처벌 등과 관련한 규칙, 기타 고객 불만/의견에 대한 대응법 등이 대상이 될 것이다. 기타 위생 및 안전 규칙 준수와 품질 관리 방법도 교육되어야 한다. 또한 전동카트를 운영하면서, 커피 제품을 취급하기 위한 카트 내 공간 배치, 공간 확보, 적정 온도 유지 방안, 기타 위생 및 안전 관련 준수 사항도 철저한 전달이 필요하다.

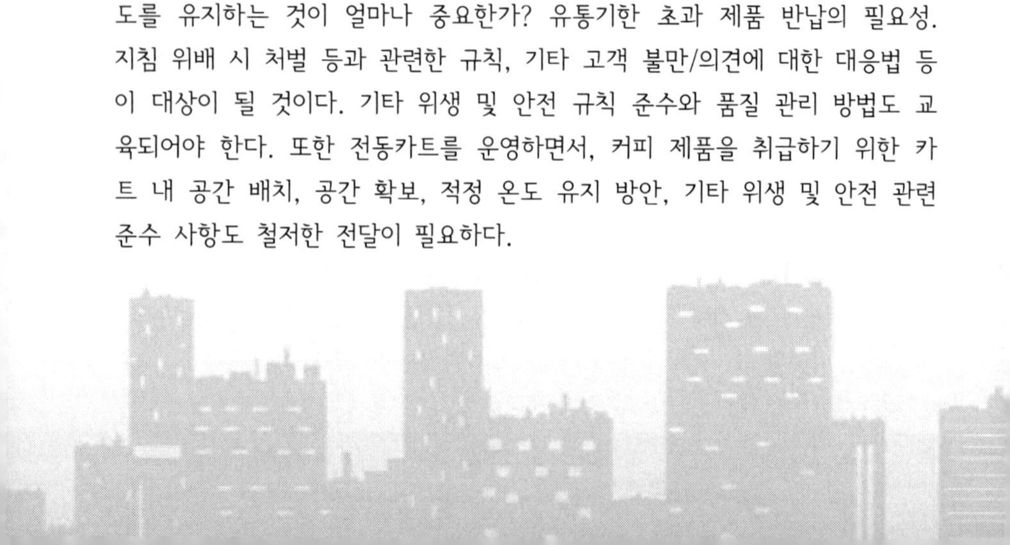

효과성 지표, 성능 지표, 기술성능 지표를 식별한다.

다음은 일반적인 지식과 대중매체에 발표된 내용을 기초로 산정한 각종 지표이다. 효과성 지표를 비롯한 하위 지표들은 새로운 제품으로 기존 사업의 영역을 넓히고자 하는 사업자 관점에서 발굴되었다. 여러분도 다양한 관점에서 새로운 지표를 발굴해 볼 것을 추천한다. 여기서 중요한 것은 지표를 계량할 수 있는 값으로 나타내는 것이다. 만일, 이 지표 값을 벗어나면 요구사항을 수정하거나, 사업의 계속 여부를 원점에서 다시 검토해야 한다.

<table>
<tr><th>항목</th><th>지표 명</th><th>지표 값</th></tr>
<tr><td>효과성 지표</td><td>투자 대비 수익</td><td>*** 억원</td></tr>
<tr><td>성능지표 1</td><td>매출액</td><td>(하루 ** 만 개) x 2000~2300원</td></tr>
<tr><td rowspan="6">성능지표 2</td><td rowspan="6">비용</td><td>광고/홍보비,</td></tr>
<tr><td>제품 개발비 (포장 용기 디자인, 커피 원액 추출기법</td></tr>
<tr><td>바빈스키 라이센스 비용</td></tr>
<tr><td>생산비 (커피, 용기, 라벨, 기타)</td></tr>
<tr><td>판매 인건비</td></tr>
<tr><td>세금 기타 비용 (상표 등록, 인허가 등)</td></tr>
<tr><td rowspan="5">기술성능 지표 1</td><td rowspan="5">품질지표</td><td>커피의 향</td></tr>
<tr><td>맛</td></tr>
<tr><td>카페인 함량</td></tr>
<tr><td>설탕, 향료, 방부제 기타 첨가제 함유량</td></tr>
<tr><td>커피 신선도</td></tr>
<tr><td rowspan="3">기술성능 지표 2</td><td rowspan="3">유통기한</td><td>로스팅 후 10일 초과품 수거 실적</td></tr>
<tr><td>유통기간 경과 제품의 폐기 실적</td></tr>
<tr><td>지침 위반업소 발견 및 처리 실적</td></tr>
</table>

절충 공간의 빈틈은 어떻게 분석할까?

커피 사업의 특성에 대한 전문지식이 없는 필자로서는 어떠한 절충 공간의 빈틈이 있는가를 분석하기가 쉽지 않다. 다만 몇 가지 방안을 두고 투자 대비 수익이 최대가 되는 방안을 선택할 때 비용과 수익 사이의 절충 분석이 필요할 것 같다. 슈퍼나 편의점 영업을 하지 않는 사업의 특성상, 전동카트 냉 음료 저장공간의 얼마 정도를 기존 제품에 할당하고, 콜드 브루에는 어느 정도 할당할 것인가도 절충의 대상이 될 수 있겠다.

4부

시스템이란 무엇인가?

"시스템이란 사전에 결정된 공통적 목적이나 목표를 달성하기 위해 하나 이상의 구성요소가 상호 기능적으로 관련된 요소들의 결합이다."

14 시스템은 어떻게 만들어지는가?

우리는 지구라는 거대한 시스템에 속해 있는 대한민국이라는 국가 시스템 속에 살고 있다. 아침에 일어나 출근을 할 때도 교통 시스템이 받쳐주지 않는다면 엄청난 교통지옥에서 벗어날 수가 없을 것이고, 회사에 출근해서도 컴퓨터 네트워크 시스템에 접속하지 못한다면 그날은 공치는 날이 될 수밖에 없다. 이렇듯 우리는 단 한순간도 시스템에서 벗어나 생활할 수 없다. 1980년대 초 내가 회사생활을 시작할 때만 해도 회사 내에는 컴퓨터가 많지 않았고 컴퓨터를 다루는 일은 특수한 영역에 속한 일이었다. 그러나 요즘은 초등학생도 스마트폰 형태의 컴퓨터를 손에 들고 다닌다. 종류나 분류를 따질 것도 없이 우리를 둘러싼 모든 것은 시스템으로 개념화시킬 수 있다. 가정이라는 시스템도 부모와 자녀라는 구성원을 요소로 하여 상호작용을 통해, 입력을 받고 출력을 생성한다. 물론 출력은 목적에 따라 다르다. 따라서 시스템엔지니어에게 시스템의 구분은 그리 중요한 일이 아니다.

생물학자인 베르탈란피[138]는 "시스템이란 서로 작용하는 요소들의 집합이다."라고 정의한다, 여기서 요소(element)란 실재하는 물체이거나, 상징적인 형상으로 표현되는 (주: 이를테면 조직도 같은) 개념적인 것이다.[139] 이처럼 시스템이란 동일한 목적을 달성하기 위해 협력하는 (컴포넌트)들의 집합이다. 이 목적은 시스템 요소로는 달성될 수 없다. 요소들이 모일 때 시너지가 나오고 이에 따라 새로운 특성이 생겨나기 때문이다. 좀 더 분석적으로 얘기하면

---

138) Ludwig von Bertalanffy는 일반 시스템이론의 창시자로 알려진 캐나다 생물학자다. 주요 저작으로는 General Systems Theory: Foundations, Development, Applications(1968)가 있다. 네이버 지식백과를 참조

139) Guide to the Systems Engineering Body of Knowledge (SEBoK), SEBoK v. 1.9, BKCASE

시스템은 입력을 받아 가치 있는 출력을 만드는 과정으로 정의할 수 있으며 사용자가 지정된 운영환경에서, 필요를 충족시킬 수 있는 효율적인 과정으로도 얘기할 수 있다. 이 과정은 수많은 시행착오를 통해 축적된 경험을 바탕으로 결정된다. 그림에서는 입력을 출력으로 바꾸는 과정에서 시스템 요소와 요소 간의 상호작용이 일어나고 새로운 시스템이 생성됨을 알 수 있다.[140]

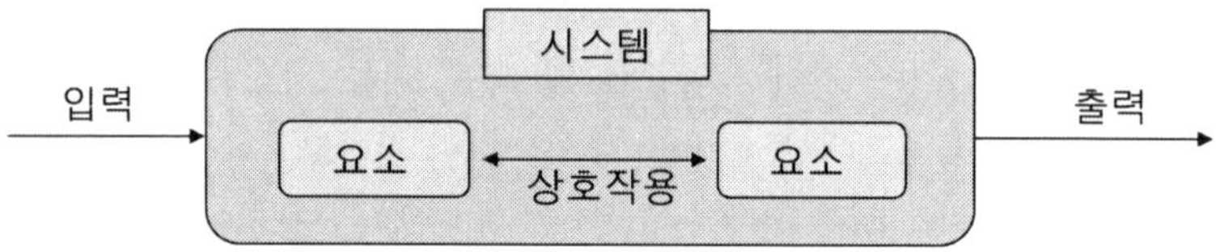

다음의 그림은 자동차 마이크로그리드라는 대상 시스템을 추상화시킨 문맥도[141]다. 이 문맥도는 입력과 출력, 그리고 시스템에 영향을 주는 제한사항(통제)과 도움을 주는 지원 인프라를 한눈에 파악할 수 있도록 한다. 문맥도를 통해 시스템의 전체 맥락이 파악된다. 이해관계자, 역할, 임무, 목표, 자원, 통제/제약 사항 등이 명시되며 기회, 위협, 물리적 제약사항 등의 지원 요소들 역시 식별할 수 있다.

이 문맥도 내에서 대상시스템을 자동차 마이크로그리드로 국한해 보자. 이 시스템을 추상화해 보면, 자동차 마이크로그리드의 속성과, 능력(기능), 성능, 그리고 운송수단 제공이나, 전기생산과 같은 산출물이 식별될 것이다. 또 하나, 이 시스템을 운영함으로써 얻게 되는 부산물이나 서비스도 존재한다.

140) INCOSE 시스템엔지니어링 핸드북, 한국시스템엔지니어링협회, Wiley-도서출판 대가
141) 문맥도 (Context Diagram) : 대상 시스템의 입,출력과 수행과정에서의 활동, 통제 그리고 지원 인프라를 한 맥락으로 간략화한 그림이다. IDEF0 모델이라고도 한다. 통제와 지원 인프라를 제외하고 입출력과 과정 활동을 나타낸 IPO 다이어그램도 많이 쓰인다.

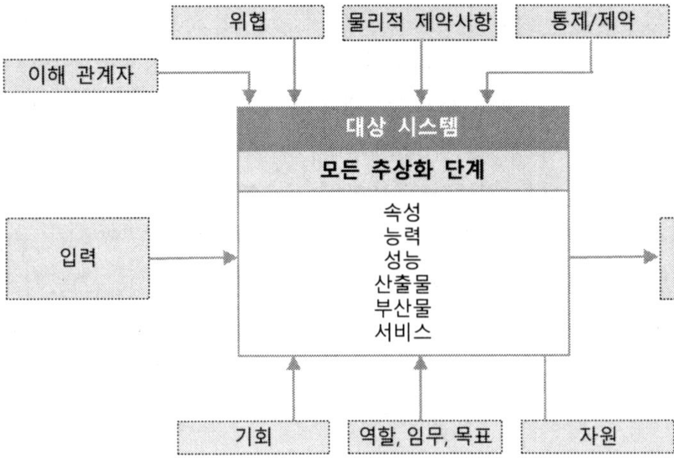

1,2,3장에서 설명한 대로 전기 생산서비스 외에도, 전기나 수소의 충전 서비스와 통신 서비스 등이 여기에 포함된다. 이러한 내부 활동으로 인해 입력은 출력으로 변환되어 자동차를 이용한 마이크로그리드라는 새로운 시스템이 만들어진다.

시스템을 전체적인 시각에서 바라보면, 해당 시스템에 속하지 않으면서 그것과 상호작용하는 구성요소들을 고려하지 않을 수 없다. 수소차 마이크로그리드로 국한해 보면 한전 전력망, 도로망, 교통 관제 시스템, 수소공급체계 등이다. 이런 구성요소들은 시스템의 운용환경이라고 불리며, 해당 시스템의 사용자나 운용자도 여기에 포함될 수 있다.

시스템을 내부와 외부에서 바라보는 관점 덕분에 시스템 경계라는 개념이 생겨난다. 실제로 시스템 경계는 시스템 자체와 그것을 둘러싼 운용환경 사이의 "경계선"이다. 시스템 경계는 해당 시스템에 속하는 것과 속하지 않는 것을 정의한다. 자동차 마이크로그리드에서 운용환경은 위에서 얘기한 공급사슬 망이나 운용환경에 의해 결정되지만, 전력을 사고파는 전력거래소 등 좀 더 포괄적인 환경으로도 범위를 넓힐 수도 있다.

시스템을 구성요소들의 집합이라고 정의할 때, 구성요소는 더 이상 분해되지 않는 것일 수도 있고 하부시스템 구성요소들로 더 분해될 수도 있다. 이 시스템의 구성요소들과 그것들 간의 상호관계를 정의하는 하나의 접근법은, 구성요소 간 상호작용이나 상호관계의 세부내용은 무시한 채 전체(시스템)와의 관계만을 기준으로, 다른 것들과 구분되는 시스템 구성요소들을 모두 파악하는 것이다. 이것을 시스템 분할이라고 한다. 어떤 수준의 구성요소들은 더 높은 수준의 시스템에 종속된 하부집합들로 그룹화할 수 있다. 자동차 마이크로그리드라는 시스템은 자동차와, 마이크로그리드, 공급사슬망, 그리고 운행지원망으로 구성된다. 이 시스템은 시스템 요소들로 구성된 대상 시스템으로 정의하여 요소들을 좀 더 상세한 계층구조로 분화시킬 수 있다.

생태계를 중심으로 시스템을 구분해 보면, 자동차 마이크로그리드는 전기를 생산한다는 측면에서 전기 생태계에 포함될 수도 있고, 또한 사람이나 물건을 수송한다는 측면에서 수송 시스템의 한 요소가 될 수도 있다. "복합시스템"은 관리와 운용에 있어 독립적인 세부 요소들로 구성된 대상 시스템이다. 이렇게 여러 시스템들이 서로 연결되어 운용되거나 서로 통합되어 운용됨에 따라, 개별 시스템 단독으로는 달성할 수 없는 결과가 얻어진다. 전기차를 독립적으로 운영한다면 전기의 소비자가 될 뿐이다. 그러나 전기차가 마이크로그리드로 편입되어 아파트 단지 내의 제어실 컴퓨터에 의해 제어된다면, 배터리를 충전할 때는 전기를 공급받고 단지 내에 전기가 필요할 때는 배터리의 전기를 판매하는 '프로슈머'가 된다.

수소차의 경우, 마이크로그리드가 전기를 필요로 할 때 독립전원장치의 역할을 수행한다는 점이 전기차 모델과는 다르다. 따라서 이 경우는 전기의 소비와 판매라는 측면이 부각되는 '프로슈머'의 역할은 아니다. 그러나 전체 에너지를 전기와 수소를 포함한 복합시스템으로 식별하면 역시 '프로슈머'의 역할로 자리매김할 수 있겠다. 마이어는[142] 특정 대상 시스템(SOI)을 복합시스템으로 이해하는 것이 더 나을지 여부를 결정하는데 다음과 같은 특징을 이용하면 유용하다고 강조한다.

142) Maier, Architecting principles for systems-of-systems, Wiley, 1998

- 운용 측면에서 독립적인 구성 시스템
- 관리 측면에서 독립적인 구성 시스템
- 새로이 나타나는 거동
- 진화적 개발 과정

15 시스템의 종류와 경계구조

전문가들에게 시스템을 구분해 달라고 부탁하면 대부분 자연적인 시스템과 인공적인 시스템을 먼저 얘기한다. 우리가 사는 이 지구 자체가 거대한 시스템이고 인간은 아주 작은 일부분이라는 얘기다. 조금 더 전문적으로 들어가면 물리적 시스템과 개념적 시스템으로 나누어지고, 정적인 시스템과 동적인 시스템으로 또 세분된다. 물론 폐회로와 개방 회로 시스템으로 나눌 수도 있다. 시스템을 개방적 시스템과 폐쇄적 시스템으로 나누어 생각해 보자. 개방적인 시스템은 환경으로부터 생성되는 입력을 사용하나 폐쇄적 시스템은 환경과 상호작용을 하지 않는다. 이와 같이 시스템을 나누는 카테고리는 다양하다.

엔지니어링으로 만들 수 있는 시스템에 초점을 맞춘다면 좀 더 시스템의 정의가 단순해진다. 학교, 병원, 은행 등 인간이 만든 시스템은 대표적인 일의 흐름을 중심으로 만들어진 시스템이다. 이런 시스템을 구축하는 데는 효율성과 효과성이 강조된다. 또한 상호작용과 협업도 이런 시스템이 가져야 할 중요한 성질의 하나다.[143]

매우 복잡한 시스템을 엔지니어링 하는 경우, 분석적인 기법을 바탕으로 수학적인 표현이 필요하며, 과학적인 원칙이 도입되어야 분석과 설계, 개발이 가능해진다. 또한 전공 분야가 서로 모이지 않고는 엔지니어링 활동 자체가 어려우므로 원하는 시스템이나 제품, 서비스를 제공하기가 불가능해진다는 특징도 있다.

143) Charles S. Wasson, System Analysis, Design, and Development Concepts, Principles, and Practices, Wiley-Interscience, 2006

다음 그림은 시스템의 경계구조를 나타낸다. 시스템은 환경으로부터 입력을 받아, 환경으로 출력을 내보낸다. 이 출력은 다시 피드백 루프[144]에 의해 되돌려져 입력으로 사용된다. 전자회로에 밝은 독자라면 출력이 다시 입력으로 돌아가는 시스템을 이해할 것이다. 만일 시스템 경계 내에서 피드백이 이뤄지면 이를 내부 피드백이라고 하고, 환경으로부터의 입력과 작용하여 경계 밖에서 이뤄진다면 이를 외부 피드백이라고 한다. 시스템의 구조는 시스템의 경계를 식별하는 데 사용된다. 경계는 시스템 사용 환경을 정의하고, 기능들을 묶는다. 시스템 구조는 분류, 공간적 배치, 가시성을 가지며, 진화가 가능하다.

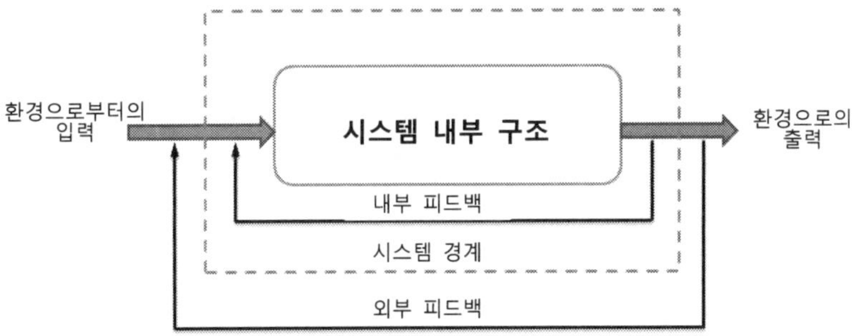

시스템은 속성, 특성, 특징으로 상세화 할 수 있다. 시스템엔지니어링을 시스템(제품이나 서비스도 포함) 개발에 도입한다는 것은 시스템의 속성과 특성, 특징을 명확히 이해하고 있다는 것을 전제로 한다.

시스템의 속성은 기능적이거나 물리적인 시스템의 특색을 구분하는 데 사용된다. 시스템에서 기능이란 시스템의 특성을 나타내는 업무, 행동, 활동을 말한다. 즉, 시스템의 목적을 달성하는데 필요한 명확하게 구별되는 행동[145]이 바로 기능이다. 시스템 특성은 시스템의 질량, 밀도, 길이, 높이 등을 예로 표현할 수 있다. 시스템의 특징은 동적 특성과 물리적 양으로 구분하여

144) Feedback : 우리말로 되먹임으로 번역하기도 한다.
145) 권용수, 시스템엔지니어링 입문, 미국 DAU의 SE Fundamentals의 번역본임.

표현할 수 있다. 예를 들어 동적 특징은 예측 가능성과 반응 가능성 등이 되고 물리적 특징은 자동차의 가속에서 순항에 걸리는 시간 등이다. 이와 같은 시스템의 속성, 특성, 특징을 종합하면 시스템을 식별하고 구분하는 것이 가능하다.

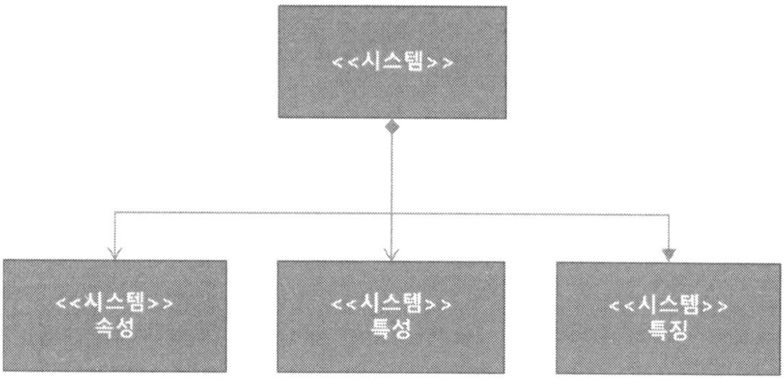

16 시스템을 엔지니어링한다는 것

단순화하여 얘기하면, 시스템엔지니어링이란 시스템을 엔지니어링하는 것이다. 그러므로 시스템을 얘기하고 난 이후에 엔지니어링을 얘기한다면 시스템엔지니어링이 무엇이고 어떠한 가치를 지니고 있는지를 좀 더 쉽게 이해할 수 있을 것도 같다.

FAA에서 정의한 시스템엔지니어링[146]이란 무엇인가를 살펴보자

시스템엔지니어링은 그 부분이 아닌, 전체(시스템)로서의 설계와 활용에 초점을 맞추는 분야이다. 문제를 전체적으로 바라보고, 모든 측면, 모든 변수, 기술적인 것과 관련된 모든 사회적 측면들을 고려한다.

이 대표적인 정의들로부터 몇 가지 핵심어가 도출된다. 학제(타 학문과의 제휴)적, 반복적, 사회-기술적, 전체성이 그것이다. 시스템엔지니어링의 관점은 시스템 사고에 기반을 둔다. 시스템 사고[147]는 현실에 대한 독특한 관점으로, 전체를 구성하는 부분들이 서로 관련된 방식과 전체에 대한 우리의 인식을 높인다.

일반적으로 시스템엔지니어링을 수행하는 '과정'을 프로세스라고 부른다. 하지만 이 책에서는 우리말 '과정'으로 번역하였다. '과정'이라고 부르는 것이 좀 더 일반화된 느낌이 든다. 이 과정은 반복적 방법을 통해 뭔가를 발

146) Systems Engineering Manual-FEDERAL AVIATION ADMINISTRATION (FAA), 2014, 문서는 FAA의 시스템엔지니어링 구현에 대한 프레임워크를 제공하기 위해 발간되었다.

147) System Thinking

견하고, 학습하고, 지속해서 향상되도록 한다. 시스템엔지니어링 과정에서 시스템엔지니어는 해당 시스템 요구사항과 새로이 나타나는 특성 사이에 어떤 관계가 있음을 알게 된다. 한 시스템 변수가 다른 시스템 변수들과 서로 영향을 주고받는 '순환 인과관계' 때문에, 가장 단순한 시스템조차 예상이나 예측할 수 없는 새로운 특성이 나타날 수 있다. 그러므로 관련 분야 전문가들을 이 과정에 포함시키고 시스템엔지니어가 그들의 활동을 조율함으로써 원하지 않는 방향의 결과를 최소화할 수 있다.

시스템엔지니어링은 기술 과정과 관리 과정을 모두 포함한다. 이 두 과정의 성공은 좋은 의사결정에 달려 있다. 시스템 수명주기 초기에 이루어진 의사결정은 비록 당시에는 그 영향이 미미하더라도 수명주기 후반에 엄청난 영향을 미칠 수 있다. 이런 문제를 탐구해서 적절한 시기에 중요한 의사결정을 내리는 것이 시스템엔지니어의 책무이다. 시스템엔지니어링은 다른 학문과 제휴하는[148] 접근법이고 수단이며 시스템의 성공적 구현을 가능하게 한다. 성공적인 시스템이란 반드시 고객, 사용자 그리고 이해관계자들의 필요성을 만족시켜야 한다. 그렇다면 시스템엔지니어의 역할은 무엇일까?[149]

- 이러한 학제 간 접근법을 지원하는 사람이나 역할이다. 고객의 필요성을 시스템 개발팀이 시스템으로 실현하는데 필요한, **이해관계자 요구사항 정의와 이를 명세서로 변환**하는 일을 한다.
- 성공적인 시스템 실현을 돕기 위해, 개념 설계 단계의 시작부터 제조, 배치, 사용 및 폐기에 이르기까지의 **시스템 수명주기 과정을 지원**한다.
- 시스템엔지니어는 **분석, 명세, 설계 및 검증**을 담당한다. 이는 이해관계자의 필요성이 만족함을 보장하기 위해 시스템이 기능적, 연계사항, 성능, 물리적, 그밖에 품질 특성과 비용이 균형을 이룬다는 것을 상기 활동을 통해 확인한다.

---

148) 학제간 (學制間)으로 표기한다.
149) Guide to the Systems Engineering Body of Knowledge (SEBoK), SEBoK v. 1.9, BKCASE

위의 설명과 같이 시스템엔지니어의 역할은 주로 고객의 필요사항을 규격서로 변환하고, 수명주기 과정을 지원하며, 분석업무와 시스템 명세서의 작성, 그리고 설계 및 검증을 진행한다. 다만 이러한 역할은 시스템엔지니어가 단독적으로 수행하는 것은 아니고, 시스템의 규모와 성격에 따라 전문가와의 역할 분담을 통해 진행한다. 하지만 명심해야 할 것은 상기 역할은 전적으로 시스템엔지니어의 책임하에 있다는 것이다.

17 시스템엔지니어링, 시스템 구현/관리는 어떻게 다른가?

그림은 시스템엔지니어링, 시스템 구현, 프로젝트/시스템 관리 측면에서 바라본 시스템의 경계다. 세 개의 원이 교집합과 합집합을 이루고 서로 작용하여 시스템을 형성하고 있음을 알 수 있다.

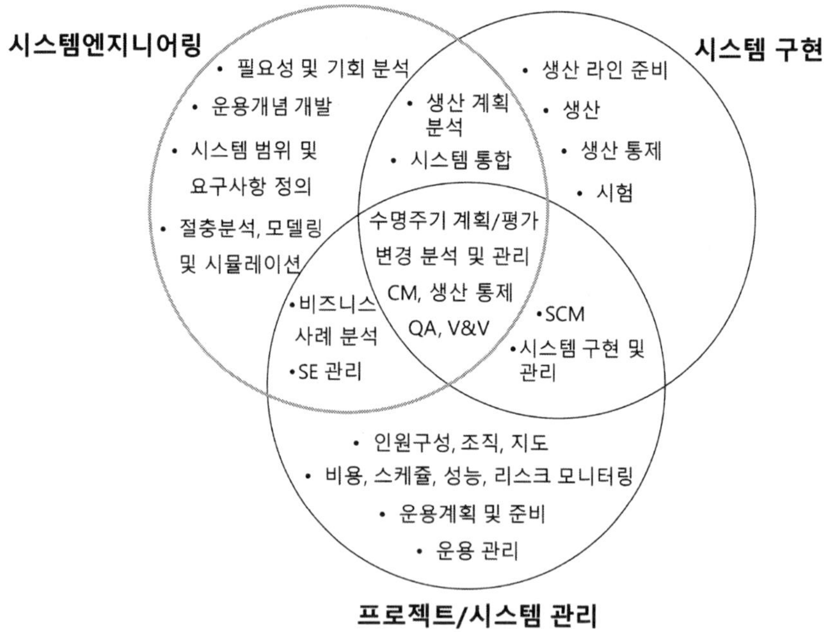

150)

150) System Boundaries of Systems Engineering, Systems Implementation, and Project/Systems Management. http://sebokWiki.org

시스템엔지니어링은 대상시스템의 전 수명주기를 아우르는 활동이다. 시스템엔지니어는, 요구사항을 정의하는 것부터 운용을 거쳐 궁극적으로 시스템이 퇴역할 때까지, 해결책의 개발과 진보를 지휘한다. 이들은 각 분야 전문가들을 올바르게 참여하게 하고, 모든 이득이 예상되는 기회를 추구하며, 모든 중요한 위험도를 식별할 뿐만 아니라, 필요한 경우 회피시키는 것을 보장한다. 시스템엔지니어는 수명주기 동안 프로젝트 책임자와 같이 일한다.

시스템엔지니어의 역무는 주로 수명주기 초기에 집중된다. 그러나 상업적 조직이나 정부 조직은 시스템 수명주기 동안 시스템엔지니어링이 필요함을 인지한다. 때때로 이러한 노력은 생산단계에 돌입할 때나 운전에 들어갈 때 시스템, 제품, 또는 서비스를 변경하거나 변형시킨다. 결과적으로 시스템엔지니어링은 모든 수명주기 단계에서 중요하다. 모든 프로젝트 책임자는 비즈니스 측면(비용, 일정 및 가치)과 프로젝트 주기의 기술적인 측면이 동시에 이루어짐을 보장해야 한다. 종종 이 기술적인 측면이 프로젝트를 주도하는데, 이때 고려하고 있는 기술적 해결책이 비용과 일정의 목표와 일치하도록 보장하는 것은 시스템엔지니어의 책임이다.

18 시스템 사고(思考)란?

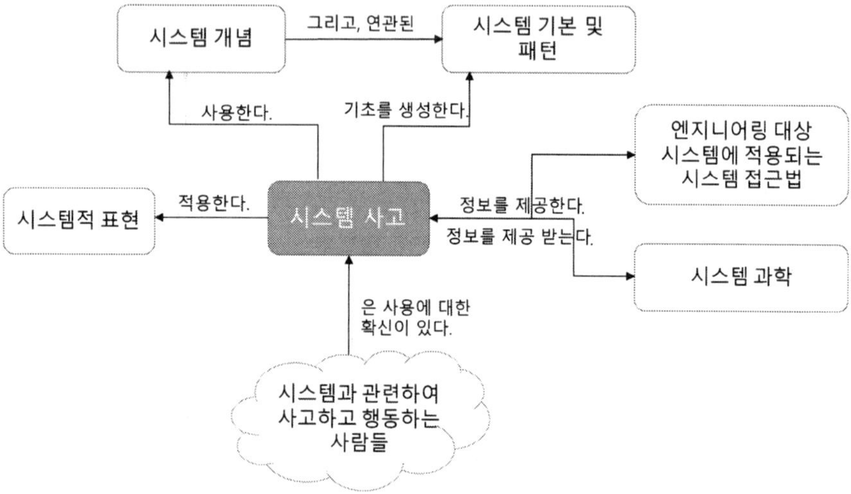

151)

시스템엔지니어링 지식체계 (SEBOK)에서 발췌하여 우리말로 번역한 위의 그림은 시스템 사고와 관련된 항목들을 3형식의 문장으로 나타내고 있다. 그림은 시스템 사고를 둘러싼 시스템 개념, 시스템 기본 및 패턴, 시스템적 표현, 시스템 과학, 시스템 접근법 등의 항목들이 어떻게 시스템 사고와 연관되는지를 보여준다.

시스템적 접근법은 시스템적 사고와 밀접한 관계가 있다. 여기서 시스템적 사고의 핵심 사안은 시스템을 전체적으로 생각하는 것과, 문제의 경계와 대상이 되는 해결책을 설정하는 것, 그리고 경계 바깥에 있는 결과적인 대상 시스템을 고려하는 것이다.152)

151) Systems Thinking in the SEBoK, SEBoK v.1.9, BKCASE

시스템 사고는 시스템 패러다임 기초에 기초하여 문제 상황을 이해하고 개입하는 것에 관계된다. 시스템 사고의 핵심은 패턴의 발견이다. 패턴은 문제들이나 해결방안, 시스템에 존재하는 유사성을 표현하는 것이다, 시스템적 사고는 바로 다양한 유형의 패턴을 활용해 문제들에서 공통으로 존재하는 그 무엇을 포착하고 그것에 상응하는 해결방안을 개발한다. 시스템엔지니어는 패턴들이 제공하는 일반정보들을 활용하여 시스템의 문제를 이해한 후 구체적인 해결방안을 개발한다.

시스템 해결방안은 종종 고립화 정책을 사용하기도 한다, 복잡한 시스템의 개발에 있어 시스템의 경계를 확정 짓고 제한사항을 설정하는 것은 성공적인 엔지니어링 시스템을 개발하기 위해 꼭 필요한 요소이다. 모든 시스템 요소를 고려하다가는 제때 최적의 비용으로, 성능이 보장된 시스템을 개발할 수 없다. 패턴을 활용하여 문제를 파악하고 그 문제 중 핵심 해결사항을 결정하는 것이 시스템엔지니어의 또 른 역할이다.

시스템 과학은 "시스템 접근법" 전문가들이 활용할 수 있는 실용적인 시스템 개념, 원칙, 패턴, 도구를 개발하는 데에도 도움이 될 수 있다. 복잡한 문제 해결을 위한 통합적 시스템 접근법을 개발하려면, 시스템 과학, 시스템 사고, 시스템엔지니어링의 구성요소들을 결합해야 한다. 이런 점에서 시스템 과학은 전통적인 과학 분과들을 통합하는, 분야를 초월하는 학문의 기초가 될 수 있다.

시스템엔지니어는 시스템 차원의 대응이 필요한 문제나 기회 상황에 대한 심층 분석을 수행하는데 활용할 수 있는 지식과 기술을 개발해야 한다.

---

152) Senge, Churchman, Meadows, What is System Thinking, SEBOK

19 시스템 개발 과정과 단계

시스템은 일련의 수명주기 단계들을 거쳐 진보하며, 이런 단계들을 통해 시스템의 구상, 개발, 생산, 이용, 지원, 운용종료가 일어난다. 수명주기 모델은 시스템이 생애 동안 요구되는 기능성을 충족시키도록 돕는 틀이다. 예를 들어 개념단계와 개발단계에서 시스템 요구조건을 정의하고 시스템 해결방안을 개발하려면, 다른 단계 전문가들이 절충 분석과 의사결정 지원을 해야 균형 잡힌 해결방안이 도출될 수 있다. 이렇게 하면 최대한 일찍 시스템이 필요한 속성을 갖추게 할 수 있다. 또한 단계별로 요구되는 기능을 수행할 수 있도록 인에이블링 시스템을 확보하는 것 역시 필수적이다.

다음의 표에는 일반적인 수명주기 6단계[153]가 나와 있다. 각 단계는 서로 중첩될 수 있고, 이용단계와 지원 단계처럼 동시에 진행되기도 한다. 이 표에서는 각 단계는 독립적이고 서로 중첩되지 않으며 연속적인 것처럼 나열했지만, 이 단계들을 구성하는 실제 활동들은 상호의존적이고 중첩되며 동시에 진행될 수 있다. 수명주기 단계는 기술개발과정과 연계된다.

IEC/ISO/IEEE-15288 표준에는 14개 기술 과정이 V-모델을 이용하여 표현되어 있다. V-자의 좌측은 문제를 정의하고 분해하는 일이 중심이고, 좌측은 시스템을 구현하고 통합하는 일이 중심이다. 이 그림에서 시스템의 통합 이후에 시험과 평가 과정이 독립되어 표현되어 있으나 15288 표준에는 이 일이 시스템 통합에 포함되어 있다. 기존 표준에서는 좌측의 사업·임무 분석과 시스템 분석과정이 없었으나 새로이 추가되었다. 단일 시스템이 아닌 복합적이고 복잡한 시스템을 엔지니어링 하기 위해서는 사업경영과 사업 분석이 필요했을 것이다.

---

153) ISO/IEC TR 24748-1, 2010), Systems and software engineering-Life cycle management-Part 1 : Guide for life cycle management

수명주기 단계	목적	기술개발 과정과의 연계점
개념	문제 공간을 정의한다. 탐색 연구 개념 선택 해결방안 공간을 특성화한다. 이해관계자 필요를 식별한다. 아이디어와 기술을 탐구한다. 이해관계자 필요를 개량한다. 타당한 개념을 탐구한다. 실행 가능한 해결방안을 제안한다.	사업·임무 정의 이해관계자 요구사항 정의
개발	시스템 요구사항을 정의하고 개량한다. 해결방안 설명서를 작성한다 아키텍처 및 설계 최초 시스템을 구현한다. 시스템을 통합하고 검증하고 확인한다.	시스템 요구사항 정의 아키텍처 정의 설계 정의
생산	시스템을 생산한다. 검사와 검증을 수행한다.	구현 통합 검증 및 확인
이용	시스템을 운용하여 사용자 필요를 충족시킨다.	운용
지원	시스템 수행능력이 유지되게 한다.	운영
운용종료	시스템을 저장 · 기록 · 폐기한다.	폐기

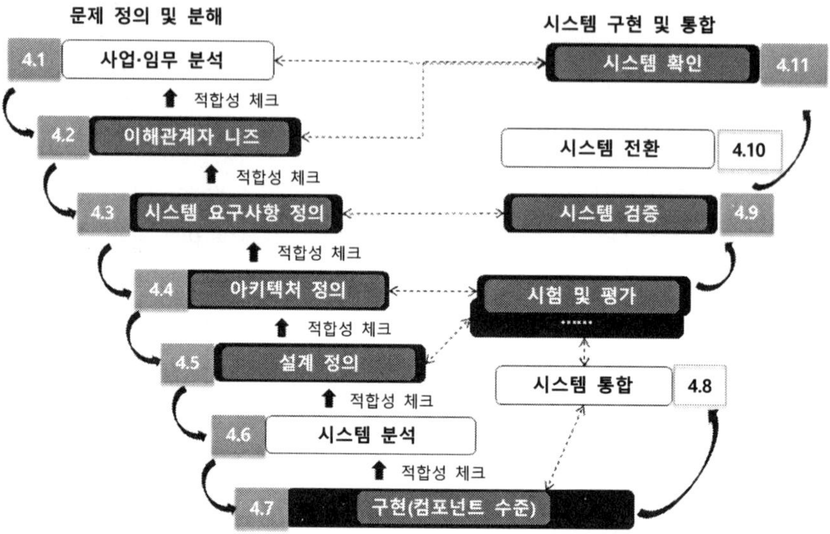

각 세부 과정을 좀 더 상세히 알아보자. 여기서는 시스템엔지니어링 협회에서 번역한 핸드북의 정의를 그대로 옮겨 보았다. 그림에는 시스템 확인 이후의 단계인 운용, 유지보수, 폐기 과정이 없다. 이 세 개 과정은 기술 과정 중 시스템의 사용 과정이어서 기술개발 과정에는 포함되지 않기 때문이다.

■ 사업·임무 분석 과정 (4.1절)

- 요구사항 정의는 해당 조직이나 엔터프라이즈의 사업 비전과 운용 개념(ConOps), 그 밖에 사업관리에서 사업 필요(임무필요)를 정의하는데 사용되는 조직의 전략 목적이나 목표로부터 시작된다. 이런 필요를 지원하는 것이 예비 수명주기 개념들(획득 개념, 배치 개념, 운영 개념(OpsCon), 지원 개념, 운용종료 개념)이다. 그다음에는 사업 필요를 사업 요구사항으로 상술하여 공식화시킨다. 사업 요구사항은 사업 요구사항 규격서에 포착되는 경우가 많다.

■ 이해관계자 필요 및 요구사항 정의 과정 (4.2절)

- 이해관계자 필요 및 요구사항 정의 프로세스 - 요구사항을 정의하는 엔지니어는 획득 엔터프라이즈의 엔터프라이즈 수준 운용개념(ConOps)과 개발 엔터프라이즈의 시스템 수준 예비 운영개념(OpsCon)을 지침으로 삼아, 사업 운용에서부터 구조적 프로세스(정교한 시스템 수준 운영개념과 기타 수명주기 개념들의 형태로 진행됨)에 이르는 과정으로 이해관계자들을 이끌어서 이해관계자 필요를 추출한다. 그다음에 엔지니어는 이해관계자 필요를 공식적인 이해관계자 요구사항으로 전환시킨다. 이해관계자 요구사항 규격서에 이 내용이 포착되는 경우가 많다.

■ 시스템 요구사항 정의 과정 (4.3절)

- 시스템 요구사항 정의 프로세스 - 이해관계자 요구사항 규격서에 담긴 이해관계자 요구사항을 시스템 요구사항으로 전환시킨다. 시스템 요구사항 규격서에 그것이 포착되는 경우가 많다.

■ 아키텍처 정의 과정 (4.4절)

- 아키텍처 정의 프로세스 - 대안적인 시스템 아키텍처들이 정의되고, 그 중 하나가 선택된다.

■ 나머지 10개의 과정은 다음과 같다.

- 설계 정의 과정 (4.5) - 시스템 구성요소를 자세히 정의하여, 선택된 시스템 아키텍처가 구현되게 한다.
- 시스템 분석 과정 (4.6) - 수학적 분석, 모델링, 시뮬레이션을 이용하여 다른 기술 프로세스들을 지원한다.
- 구현 과정 (4.7) - 시스템 요구사항, 아키텍처, 설계를 충족시키는 시스템 구성요소를 실현한다.
- 통합 과정 (4.8) - 시스템 구성요소를 결합시켜 하나의 시스템으로 실현한다.

- 검증 과정 (4.9) - 시스템, 시스템 구성요소, 수명주기 중 업무 산출물이 명시된 요구사항을 충족시킨다는 증거를 제공한다.
- 전환 과정 (4.10) - 시스템이 계획된 방식으로 질서정연하게 운용되게 한다.
- 확인 과정 (4.11) - 시스템과 시스템 구성요소, 수명주기 중 업무 산출물이 의도된 운용환경 속에서 의도된 효과를 발휘한다는 증거를 제공한다.
- 운용 과정 (4.12) - 시스템을 사용한다.
- 유지보수 과정 (4.13) - 운용 중인 시스템을 유지한다.
- 폐기 과정 (4.14) - 시스템이나 시스템 구성요소가 비활성화되어 분해된 후 운용에서 제외된다.

V 모델로 표현된 14개 기술 과정은 수명주기 단계마다 연속해 적용된다. 즉, 단일한 V 모델로 기술개발 과정이 끝나는 것이 아니라 수명주기 단계 모두에 연속적으로 적용된다는 것이다. 이를 통해 시스템 개발은 좀 더 정제되고 세련된 형태를 갖추게 된다. 물론 이 V-모델에 해당되는 14개 기술과정은 운영과 유지보수, 시스템의 폐기 단계에도 그림과 같이 반복 적용된다.

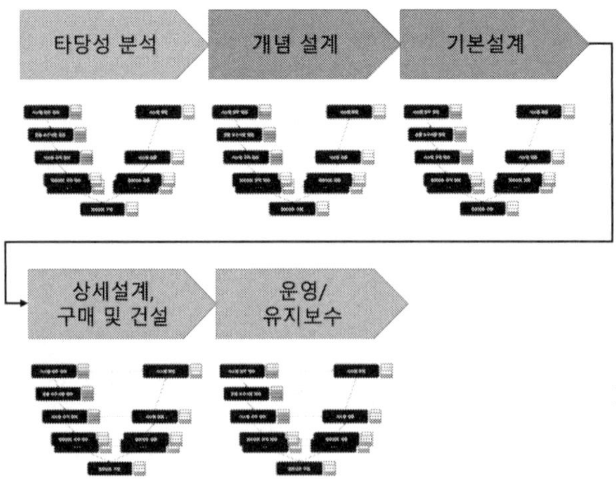

154)

154) 고등기술원 김진일 박사 제공 자료임.

가. 시스템엔지니어의 역할과 설계엔지니어의 역할은 어떻게 다른가?

1) 이해관계자 요구사항 정의과정

이해관계자 요구사항 정의과정에 참여하는 시스템엔지니어와 설계 엔지니어는 각각 고유의 역할을 갖는다. 표에서 알 수 있듯이 시스템엔지니어에게는 이해관계의 요구사항을 정의하고 문서화 하는 역할을 부여한다. 이때 설계 엔지니어는 정의된 요구사항을 독립적으로 검토하고 필요한 기술적 지원을 한다. 이 부분이 현재 원자력을 비롯해 철도 등의 산업 분야에서 하는 엔지니어링 과정과 다른 점이다. 사실 기존의 엔지니어링 과정에서는 이해관계자 요구사항을 정의하고 이를 문서화하는 일이 극히 드물었다. 하지만 이 과정을 건너뜀으로써 우리는 많은 기회비용을 치렀다. 이해관계자 요구사항은 시스템 개발 전체에 활용되며, 시스템 개발의 범위를 나타내는 핵심 요소다.

따라서 이해관계자 필요 및 요구사항 정의 과정의 산출물을 생산하고, 검토하는 일은 시스템엔지니어와 설계 엔지니어에게 주어진 가장 큰 임무다. 표의 역할 분할은 필자의 원자력 엔지니어링 분야 경험을 토대로 한 것으로 독자들의 전문성과 업무 분야 특성에 따라 다르게 분할이 가능하다. 수소차와 배전망을 대체하는 마이크로그리드를 예로 들면, 2개의 서로 다른 시스템이 복합되는 시스템의 특성상 전체 구성요소가 협력하는 접점 부분들에 세심한 주의를 기울이고, 이해관계자와 해당 조직 내의 다른 부서들과도 상호작용을 하도록 네트워크를 구축해야 한다.

시스템엔지니어가 제 역할을 다하는 것이 사업 초기에 가장 필요하다. 이해관계자 각 계층이 무엇을 필요로 하는지, 시스템/프로젝트를 수행하면서 주요한 제약사항은 무엇인지를 비용, 기술적 제약, 적용 가능, 규격 및 법적 요건 등의 측면에서 분석하고 정리하는 것이다. 이와 함께, 시스템/프로젝트의 '주도 요인(drivers)'은 어떠한지를 경쟁 능력, 주요 위협요소, 극한환경 등에 대해 수집하고 분석하는 일이 필요하다. 국내에는 아직 시스템엔지니어로서 활동하는 인력이 많지 않고, 분야별 전문성과 함께 사업을 포괄적이고도 전체적으로 관장할 수 있는 경력과 식견을 가진 엔지니어 층이 두텁지 않다.

필자가 활동하는 원자력 분야의 경우도 분야별 전문성을 가진 인력은 비교적 풍부하지만, 계획 단계부터 운영종료 단계까지의 전체적인 과정을 생각하면서 새로운 프로젝트를 지원할 시스템엔지니어링 역할을 할 인력은 그리 많지 않다.

시스템엔지니어	설계 엔지니어
이해관계자 요구사항 정의 및 개발	이해관계자 요구사항 검토 및 지원
이해관계자 식별	없음
이해관계자의 필요성 정의	없음
이해관계자 요구사항 발굴과 포착	없음
이해관계자 요구사항 문서 작성	검토
이해관계자 요구사항 분석	해결방안에 대한 제약사항 파악
• 효과성 지표(MOE)[155] 선정	검토
• 적합성 지표(MOS)[156] 선정	검토
운영상 성공지표 • 만족도	검토
요구사항 무결성 검증 정확성, 완전성, 일관성 등	검토
운영개념 정의	없음
요구사항 추적	없음
형상관리 기준선 정보 제공	없음

155) Measure of Effectiveness : 임무 또는 운영 목적 달성과 관련된 운영 성공의 척도이다. 사용자/고객 관점에서 기술하며, 가장 핵심적인 임무 성능 요구에 초점을 맞춘다. 특징은 특정 해결책에 종속되지 않고 개발 최종 단계에서 제대로 된 시스템이 만들어 졌는가를 실제적으로 평가하는 척도로 사용한다.

156) Measure of Suitability : 의도하는 운영환경을 지원하는 아이템의 능력으로 표현된다. 일반적으로 가동률, 신뢰성, 정비성 등의 준비상태와 관련이 있다. www.dau.mil 참조

더욱이 서로 다른 사업 영역이 협업을 진행할 경우 경험과 식견이 있는 시스템엔지니어의 부족은 사업의 리스크를 높이는 가장 큰 요인이 될 것이다. 이를 극복하는 길은 절차적 표준화를 이루고 이를 바탕으로 표준화된 과정 활동을 수행하도록 하는 것이다. 원자력 분야와 같이 시스템 종합설계를 설계자가 주도하는 경우, 기술개발 과정에 대한 시스템엔지니어의 역할이 임무 분석과 이해관계자 필요 및 요구사항 정의에 집중될 것이다. 그러나 철도나 국방 등과 같이 시스템 종합설계보다는 제품을 개발하는 경우에는 시스템엔지니어의 역할이 임무분석과 이해관계자 필요 또는 요구사항과 같은 문제 정의 단계를 넘어, 문제해결 영역에도 필요할 것이다.

2) 시스템 정의과정

시스템 요구사항 정의 과정에 참여하는 시스템엔지니어와 설계 엔지니어의 역할은 어떻게 나눠야 할까? 설계 엔지니어에게 시스템엔지니어링에서 말하는 기술 과정을 소개하면, 이미 설계 엔지니어링 분야에서 다하는 일이라고 얘기한다. 특히 시스템 설계자는, 시스템의 요구사항 명세서를 작성하는 것으로부터 시작하여 시스템 설계 정의의 결과로 설계 사양서를 산출하는 일이 주 업무이므로, 이 일이 자신들의 고유 영역의 일이라는 확고한 믿음이 있다. 이렇게 공고한 성벽이 쌓여 있는 고지를 시스템엔지니어라는 비교적 새로운 직종의 엔지니어가 공략하기는 매우 어려워 보인다. 왜 그럴까? 설계 엔지니어로 20년 가까운 세월을 보낸 나는 왜 시스템엔지니어가 새롭게 자리할 여지가 매우 좁은지를 생각해 봤다. 그리고 내린 결론은, 이는 복제 엔지니어링의 특성에서 비롯되었다는 것을 깨닫게 되었다.

시스템엔지니어링은 사실, 모방과 복제에 맞는 분야가 아니다. 원자력 분야를 예를 들면, 신고리 3, 4호기와 UAE에 수출한 바라카 1,2,3,4호기 원전은 시스템 설계 측면에서 거의 달라지는 것이 없다. 검증 가능성을 최우선으로 하는 원자력발전 프로젝트의 특성상 새로운 설계보다는 과거의 입증된 기술을 사용하는 것이 프로젝트의 리스크를 줄이는 길이고, 인허가에 드는 자원을 절약하는 길이기도 하다. 이러한 특성이 시스템엔지니어링의 정착을 쉽지 않게 하고 있다. 그렇다고 설계 엔지니어링이 모든 설계 전 단계[157]를 무시하고 있는 것은 아니다. 타당성 검토단계, 개념설계 과정을 설계 엔지니어가 수행하면서, INCOSE 핸드북의 기술 과정에서 권고하는 일부 활동은 수행하고 있다. 예를 들어 인허가 요건을 맞추기 위해 일부 요건의 추적성 매트릭스 정도를 작성하고 상, 하위 문서의 일치성 여부를 판단하는 업무가 그것이다.

천지 원자력발전소 1, 2호기는 신고리 원자력발전소 5, 6호기에서 다루지 못한 "데이터 중심의 관리[158]"기법을 최초로 도입하고자 했던 건설 프로젝트다. 이를 위해 시스템엔지니어링 표준인 ISO/IEC/IEEE-15288 표준을 도입하려고 준비하고 있었던 프로젝트이기도 하다. 안타깝게도 이 시도는 정부의 탈원전 분위기에 휩쓸려 실현되지 못하고 있다.

그렇다면 복제 엔지니어링 요소가 강한 복합 시스템 개발에서, 시스템엔지니어의 역할은 없는 것인가? 나는 그렇지 않다고 생각한다. 두 분야의 업무가 매우 다르기 때문이다. 다음의 표를 살펴보자. 시스템엔지니어의 주 역할은 시스템을 정의하고, 분석하고 관리하는 업무다. 이는 기술 과정과 기술관리 과정이 혼합된 영역의 일이다. 반면에 설계 엔지니어는 시스템 요구사항 명세서를 작성한다.

---

157) Front End Engineering and Design : FEED라고 약칭

158) Data Centric Management : 데이터 중심의 관리 기법은 다양한 원시데이터를 추출하여 이를 저장하고 언제든지 조회할 수 있도록, 데이터웨어하우스를 중심으로 구현된다. 아울러 데이터로부터 정보를 추출하기 위한 데이터마이닝 기능도 갖추게 된다. 데이터 중심기법으로 관리체제를 변경하는 경우 하나의 설계변경 사항이 영향을 주는 모든 정보들을 파악할 수 있고, 또한 문서와 정보의 변경이 왜 일어나게 되었는지에 대한 속성을 파악할 수 있는 장점이 있다. 이에 따라 기존의 문서중심관리에 비해 업무생산성이 향상되고, 현장의 시공 간섭도 사전에 파악하여 예방할 수 있다. 결과적으로 공기가 단축됨은 물론 재작업의 가능성을 크게 줄일 수 있고 정확한 자재 산출이 가능해져 건설 사업비가 절감되는 장점이 있다

시스템엔지니어	설계 엔지니어시스템	비고
시스템 정의 및 분석, 관리	요구사항 명세 작성	
시스템 검증기준 정의 시스템 • MOP 정의	검증기준 독립 검토	
주요 품질 특징 정의 : • 안전성, 보안성, 신뢰성, 지원 가능성 식별	품질특징 독립 검토	
기술적 위험 식별 • 위해도 분석	해당 없음	
시스템 요구사항 분석	시스템 요구사항 명세서 작성	요구사항 분석 지침 이용
시스템 요구사항 관리 • 요구사항 추적성 분석 매트릭스 작성	해당 없음	추적성 관리도구 이용
형상관리 기준선 제공, 관리	해당 없음	형상관리 도구 이용

즉, 이해관계자 요구사항 정의와 시스템 요구사항 정의 과정에서 시스템엔지니어의 리더십과 전문성이 더해진다면 좀 더 창의적이고, 효율적인 시스템이 생산될 수 있다. 그러나 현실 세계에서는 아직 시스템엔지니어의 설 자리가 그리 넓어 보이지 않는다. 춘계 시스템엔지니어링 워크숍에서 지적되었던, 시스템엔지니어링과 감리행위의 차이점조차도 공식적으로 정의되지 못하는 복제와 모방적 엔지니어링 풍토에서, 시스템엔지니어링의 입지를 넓히는 길은, '무소의 뿔처럼 홀로 가라"는 숫타니파타경의 68수[159]를 늘 가슴에 지니고 갈고 닦아야 하는 고독한 길이 아닐까?

159) 숫타니파타경은 여러 번역본이 있다. 법정 스님의 번역을 옮겼다.

최고의 목표에 이르기 위해 열심히 노력하고,
마음의 안일함을 물리치고 수행에 게으르지 말며,
부지런히 정진하여 몸의 힘과 지혜의 힘을 갖추고,
무소의 뿔처럼 혼자서 가라.

이 경의 70수에는 "학문을 닦고 마음을 안정시켜 이치를 분명히 알며, 자제하고 노력해서 무소의 뿔처럼 혼자서 가라."란 구절도 나온다. 무소의 뿔처럼 혼자 가되, 세상에 이익이 되도록 지식을 나누는 것도 우리에게 주어진 임무가 아닐까 생각해 본다.

20 공학교육의 골격을 이루는 시스템엔지니어링

KINGS에서 추구하는 **'원자력 분야 실무형 전문가 양성'**을 위한 공학교육의 골격을 시스템엔지니어링 과정과 방법으로 설계하고 실험한 내용을 여러분께 소개하고자 한다. 전 장(章)에서 예제로 다룬 오바마케어와 같은 의료분야와 콜드브루와 같은 소비재 판매 분야에 시스템엔지니어링이 접목되면, 기존에 얻지 못했던 새로운 사업의 특성이 얻어짐을 알 수 있었다. 이는 여러 차례 강조한, 체계적인 사업 접근이 가능하기 때문이고 시스템이란 단순히 공학적 산물만을 지칭하는 것이 아니기 때문이다. 의료시스템과 커피의 판매 시스템에 적용한 시스템엔지니어링이라면 교육 시스템에도 적용할 수 있음은 당연하지 않을까?

KINGS를 처음 머릿속에 구상한 분들은 시스템엔지니어링이야말로 석사과정을 통해 '원자력 분야 실무형 전문가 양성'하는데 최적의 과정과 방법임을 알고 있었다. 특히 석사 2차년도 과정을 JAD 기법[160]을 통해 체계적으로 다루기 위한 설계를 수행하였다. 이 과정은 '전문화 과정'으로 이름 지었다. JAD는 새로운 시스템을 개발할 때 요건을 수집하고 이끌어내는 데 주로 사용되고 있다. 이 기법은 이해관계자의 참여를 고취하고 시스템의 개발 기간을 단축하며 작성되는 문서의 질을 높일 수 있는데 잘 활용될 수 있다고 한다. JAD 기법을 활용한 KINGS의 '전문화 과정'은 원전 현장에서 발생할 수 있는 예상치 못한 문제를 효율적으로 해결하기 위한 역량을 갖출 수 있도록, 지식과 경험, 그리고 판단력을 훈련하는 데 중점을 두고 개발되었다. 설계단계에서는 2차년도 전문화 과정에서 사용할 '주제 단위 템플릿'도 작성되었다.

---

160) Joint Application Design : 1970년대 IBM의 기술자인 Tony Crawford 와 Chuck Morris 가 공동으로 개발한 것으로 알려진 방법론이다.

이와 같은 선행 전문화 과정 설계가 완성되었으나 이 설계의 실현 가능성과 효과를 검토하지는 못했었다. 따라서 학교가 실제 개교하기 전에 구현과 검증 과정을 통해 이 설계의 적합성 여부를 알아보고자 수행한 것이 바로 '전문화 과정 시뮬레이션'이다. 본 시뮬레이션은 KINGS 교육의 핵심 추구 방향인 독창성을 JAD 방법론이 보장할 수 있는가를 검증하는 데 초점이 맞추어졌다. 아울러 학교의 존재 이유이기도 한, 실무교육이 강조되고 학생의 자발적 참여를 유도하며, '실행과 사고를 통해 배운다.'[161]라는 교육 방법론이 비교적 짧은 과정 운영 시간과 소규모 팀원을 통해 달성될 수 있는가도 확인하였다.

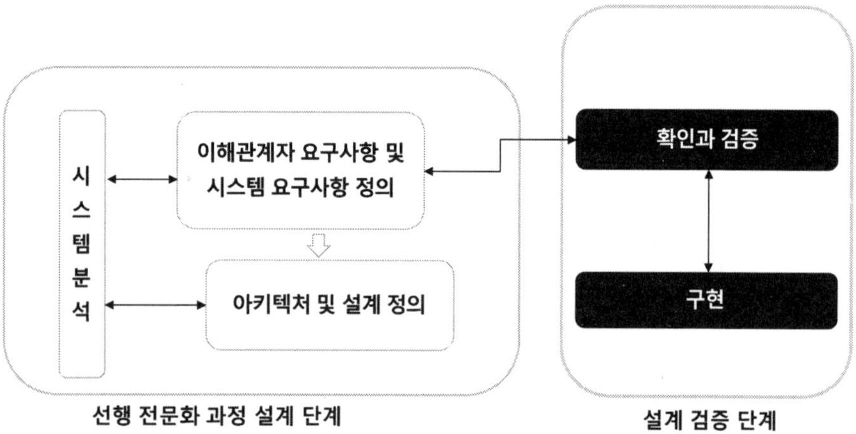

위 그림에서는 15288 표준에서 정의한 모든 기술개발 과정 중에서 '시스템 통합과정'이 생략되었다. 본 시뮬레이션이 교과과정 설계의 검증이라는 작은 단위의 주제를 다루고 있기 때문이다. 다만 시스템 요구사항과 이해관계자 요구사항이 교과과정 설계 단계에서 명확히 구분되지 않았기에 이를 확인과 검증과정과 각각 연계시키지 않고 하나로 묶어 확인 및 검증을 수행하도록 했다.

161) leaning by doing and thinking

가. 전문화 과정 설계

전문화 과정의 설계 내용을 본격적으로 얘기하기 전에 KINGS의 설립배경을 알아보자. 필자가 몸담고 있는 KINGS[162]는 원자력발전소의 엔지니어링에 특화된 석사학위과정을 2012년 3월부터 진행하고 있다. 전 세계 25개국에서 추천한 외국인 학생들과 한전의 5개 그룹사에서 추천한 학생들이 팀을 이뤄 서로 토의하면서 프로젝트를 진행하는 매우 독특한 교육의 장이 이곳 고리발전단지 내에 열린 것이다. 학생들의 구성도 독특하다. KINGS에 응시하기 위해서는 3년 이상의 원자력발전 또는 동등한 실무경험이 있어야 한다. '원자력발전 분야를 책임질 리더급 전문가'를 양성하는 것이 KINGS의 비전이고 설립 목적이기 때문이다.

KINGS는 설립을 준비하면서부터 시스템엔지니어링 프로세스를 기반으로 한 교육을 생각했다. 전 세계의 어느 나라도 원자력발전 엔지니어링을 교육하기 위해 단일학과를 설립한 예가 없다. 원자력발전소라는 시스템은 이미 인간이 한눈에 파악하기가 곤란할 정도로 거대해 졌고 복잡해 졌으며 수많은 구성요소로 이루어져 있다. 지난 30여 년간의 원자력 발전분야 종사 경험을 통해 필자는 단일 전공 접근법으로 각자의 시각으로 원자력발전소를 설계하고, 개발하고, 운영할 때 나타나는 문제점을 수없이 많이 보아왔다. 이러한 거대 시스템을 융·복합적으로 설계하고, 개발하고, 운영하고, 또 폐기하는 일을 지휘할 수 있는 능력은 KINGS가 육성하고자 하는 '리더급 전문가'가 갖추어야 할 역량이다. 퍼즐 하나를 개발할 때도 먼저 전체 그림을 그린 후에 조각을 나눈다. 그러므로 리더는 최종 그림 전체에 대해 완벽한 이해를 해야 한다. 이러한 교육 과정을 정의하고 지원하는 것이 바로 시스템엔지니어링이고 이는 KINGS 교육의 골격을 이룬다.

162) 한전국제원자력대학원대학교(KINGS, KEPCO International Nuclear Graduate School)

KINGS는 이론과 연구중심의 일반 대학원의 석사과정과는 추구하는 방향이 다르다. 전문공학대학원으로서 학생 전원이 캠퍼스 내에서 숙식하면서 2년간 공부를 하는 교육 중심의 교과과정을 운영한다. KINGS에서의 교육은 학문적 대상만을 연구하는 기회가 아니다. 프로젝트를 동료와 수행하기 위해서는 리더의 역할도 해야 하고, 새로운 팀원이 되어 리더의 지시를 따르기도 해야 한다. 이 과정에서 소통과 연구윤리와 같은 부가적인 전문성도 길러진다.

1) 교육의 목표와 전략 수립

교육사업의 전략 관점에서 발굴된 KINGS 교육의 목표와 전략은 다음과 같다. 본 내용은 KINGS 설립위원회에서 국내외 전문가들의 설문을 거쳐 델파이 기법으로 분석한 결과로 학교 설립 타당성 보고서상에 기술된 것이다. 그중 일부를 소개하면 다음과 같다.

KINGS 교육의 목표 및 전략목표[163)]

1. 실무자형 고급 원자력 기술인력을 양성
   - 현장 중심 교육의 성취
     - 실무형 엔지니어의 양성은 현장참여를 통한 교육으로 실사구시 능력을 강화하는 데 목적이 있으므로 현재 유효한 기준, 기술 및 공법을 적용한다
     - 현장 기술은 신뢰성과 경제성이 입증된 실증기술과 원전 산업체의 보유 인프라를 사용함으로써 교육의 효과성을 극대화한다.

163) 기초전력연구원, 에너지 전문인력 양성을 위한 KINGS 설립 타당성 조사 보고서, 2009. 6

- 고급 학위 자격의 인증
  - 수월성을 효과적으로 보여줄 수 있는 대학원 수준의 학위취득자를 양성하는 교육의 목표를 달성하기 위하여 연구개발의 독창성과 연구결과의 혁신성이 필요하다.

2. 대상 원전모델의 국제경쟁력 제고
- 가동실적의 객관화로 성능 및 신뢰성 보장
  - 국내 원전의 월등히 우수한 가동실적을 체계적으로 분석, 평가하는 가치 시스템을 구축, 교육내용에 반영함으로써 수출 시 동등한 성능을 보장하는 데 기여한다.

3. 고유 기술체계의 세계화 업그레이드
- 국제 표준의 교육체계
  - 모든 교과 진행, 관리 및 행정은 국제기준에 맞추어 영어를 표준언어로 사용하는 것을 원칙으로 한다.
  - 산업 기술기준과 설계, 건설, 제작 기술문서 및 인허가 문서 가운데 교육에 필요한 문서를 영문 화하여 원전산업의 국제화에 기여한다.

상기 목표를 달성하기 위해 어떠한 능력을 가진 인재를 양성할 것인지를 먼저 생각해 보자. 복합 시스템을 다루는 현장에서는 T-자형 엔지니어를 선호한다. 실무에서 요구되는 일반적인 공학 전반의 지식을 골고루 이해하면서 자신의 단일 전공 분야에 대한 깊숙한 이해를 하고 있기 때문이다. 물론 학교도 엔지니어링적 지식과 능력을 갖춘 T-자형 엔지니어를 육성하기 위해 노력한다. 다음의 그림을 보자

기본적으로 T-자형 엔지니어의 가로축은 학생들이 자신의 전공 외의 각종 지식을 폭넓게, 그러나 깊이는 낮게 갖추는 것을 의미한다. 또한 세로축은 자신의 전공에 대한 깊은 이해를 하도록 하고, 특히 모델링과 분석(해석) 능력, 역공학과 재공학 능력 등의 실무 능력도 갖추기를 원한다.

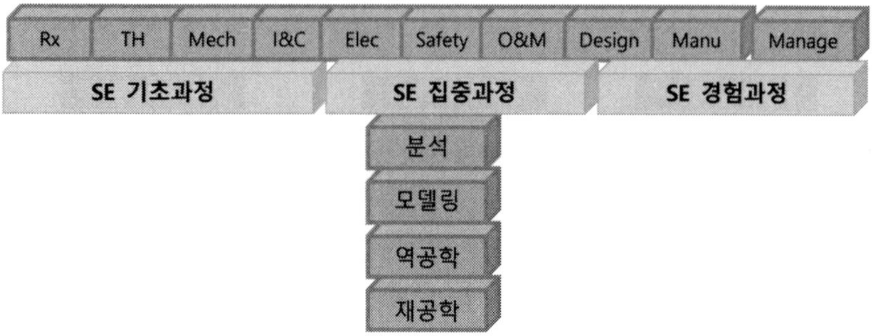

그렇다면 시스템을 엔지니어링 할 수 있는 능력은 T-자형 엔지니어 육성 과정에서 어떻게 길러낼 수 있는가? 위의 그림에서 가로축은 두 줄로 표기되어 있다. 이 중 아래의 가로축은 세 개의 시스템엔지니어링 과정을 통해 시스템을 엔지니어링 하는 능력이 길러질 수 있음을 보여준다. 시스템엔지니어링은 기술 분야 실무자들이 엔지니어링에 대한 사고의 틀을 형성하도록 도와줌과 아울러, 각각의 전문분야를 단단히 엮어주는 접착제의 역할을 한다. 시스템엔지니어링 과정은 기초과정과 집중과정, 그리고 경험 과정으로 나누어 지식을 구조화하고 체계화하는데 활용할 수 있도록 한다. 이러한 인재를 육성하는 과정이 바로 전문화 과정이다. 이 과정의 운영 개념을 살펴보자.

2) 전문화 과정 운영 개념

운영개념은 학교의 교육 특징과 학생들의 학습경로를 고려하여, 경험 기반의 학습에 활용될 수 있도록 하여, 원자력발전소의 실무형 전문가로 탈바꿈하기 위한 내용이 수록되었다. 1차 년도에 습득한 선행 지식과 경험이 고스란히 2차 년도에 활용될 수 있도록 하는 장치를 포함한다. 특히 강조되어야 할 점으로는 KINGS의 2차년도 전문화 과정이 TEP, SEP. PEP[164]으로 나누

164) TEP (Technical Engineer Program) : 기술전문가를 양성하기 위한 프로그램
SEP (Systems Engineer Program) : 시스템엔지니어를 양성하기 위한 프로그램
PEP (Project Engineer Program) : 사업관리자를 양성하기 위한 프로그램

어져 기술전문가, 시스템엔지니어와 사업 관리자를 각각 양성하도록 계획되었다는 것이다. 이는 종래의 학교에서는 시도할 수 없는 획기적 방법으로, 기존의 공학 이론 중심교육이 아닌 시스템엔지니어링을 뼈대로 갖추고 이를 프로젝트 수행을 통해 완성해 가는 점진적이고도 반복적인 교육철학이 학교 설립 의사 결정 단계부터 내재하고 있었음을 알 수 있다.

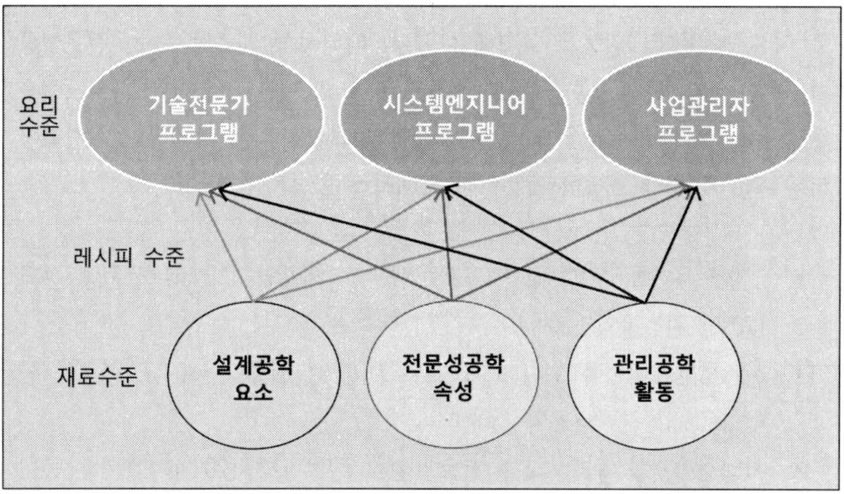

요즈음 먹방이 대세다. 나도 이 추세를 따라 본 프로그램을 요리에 비유해 설명해 보려고 한다. 여기 세 종류의 재료가 있다. 설계공학 요소와 전문성공학 속성, 관리공학 활동이다. 이 재료를 잘 버무리면 맛있는 요리가 된다. 이 과정에서 레시피가 존재한다. 요리를 잘하지 못하는 나도 김치찌개나 된장찌개 정도는 대충 만들 수 있다. 김치가 필요하고, 고기나 멸치로 국물을 우려낸 후 고추장이나 된장을 풀고 끓이면 되니 간단도 하다. 이와 같은 과정은 인터넷을 검색하면 좀 더 맛있는 요리를 만들어 먹을 수 있는 레시피로 나와 있다. 하지만 귀찮기도 하고 준비해야 할 것도 많아서 한 번도 시도해 본 적은 없다. 각설하고 이러한 레시피를 따라 재료를 배분하고 잘 끓이면 요리가 된다. 여기서 레시피 수준은 재료의 배합으로 정의하자. '간장 한 큰술을 넣으시오'와 같은 재료의 일정한 배합은 기본적으로 주어진다. 하지만 요리는 오롯이 프로젝트를 진행하는 팀의 몫이다. 다음의 내용 역시 전문화 과정 설계 시 제시된 재료를 요리로 만들기 위한 레시피이다.

> 기술관리자, 시스템엔지니어, 사업관리자를 양성하기 위한 프로그램은 서로 다른 직무영역 활동을 고려해야 한다. 따라서 설계공학 요소, 전문성공학 속성, 관리공학 활동을 재료 수준으로 하고 이를 조합하여 프로그램을 구성한다. 아래의 백분율 배분은 주제단위에서 다루는 주제와 성취하고자 하는 목표에 따라 조정이 가능하며 절대적인 할당치는 아니다.
>
> - 기술전문가를 위한 교육 프로그램 : 설계공학 (50%), 전문성 공학 (30%) 관리공학 (20%)
> - 시스템엔지니어를 위한 교육 프로그램 : 설계공학 (30%), 전문성 공학 (40%), 관리 공학 (30%)
> - 사업관리자를 위한 교육 프로그램 : 설계공학 (20%), 전문성 공학 (30%), 관리공학 (50%)

그렇다면 프로그램 내에서 1년간 진행할 프로젝트는 어떻게 선정되는가? 다음의 그림을 보면 좀 더 세 개의 프로그램 중 TEP은 플랜트 단위, 시스템 단위, 컴포넌트 단위로 나뉘고 하부 수준의 좀 더 관리하기 쉬운 주제로 세분된다. SEP은 기술단위와 운영단위로 나뉘고 계속 세분된다. PEP은 재무단위와 자원단위로 나뉘고 역시 세분된다. 여기서 중요한 것은 두 번째 수준의 단위 기술은 추가하거나 변경, 삭제할 수 있도록 허용한다는 것이다. 프로그램 주제가 바뀌면 하위 수준들의 세부 주제 역시 바뀐다. 최종적으로 세분된 주제가 바로 일 년 동안 수행할 프로젝트가 된다.

기술전문가 프로그램 (TEP)									시스템 엔지니어 프로그램 (SEP)						사업관리자 프로그램 (PEP)					
플랜트 단위			시스템 단위			컴포넌트 단위			기술관리 단위			운영 단위			재무 단위			자원 단위		
원전 위치 선정	안전성 및 인허가	운영 및 정비기술	원자로 시스템	핵증기 공급계통	BOP 시스템	핵연료	원전 주기기	기타	형상 관리	기술 성능 관리 (TPM)	품질 관리	기술 통제	기기 신뢰성 관리	역무 관리	재무 관리	계약 관리	재무 위험성 관리	자재 관리	예산 관리	훈련 관리

프로젝트가 선정되면 이는 한 학기간 수행할 모듈로 다시 3등분 한다. 이 모듈은 다시 3등분 하여 각 4주 동안 수행하게 된다. 이를 주제 단위(Subject Unit)라고 부른다. 다음 그림은 프로젝트를 세 등분으로 나누어 한 학기 마다 주제 단위를 수행하기 위한 개념을 보여준다. 참고로 KINGS의 교육설계는 3학기 제로 정하였으며, 한 학기는 12주간의 기간 동안 진행된다. 따라서 일률적으로 배분한 하나의 주제 단위에 걸리는 기간은 4주다.

년간 프로젝트 (2학년)

1학기 모듈 (다학제적, 학제적, 초학제적)	2학기 모듈 (다학제적, 학제적, 초학제적)	3학기 모듈 (전공분야 심화, 단일 학제)
주제단위 1	주제단위 4	주제단위 7
주제단위 2	주제단위 5	주제단위 8
주제단위 3	주제단위 6	보고서 (ME) 또는 논문 (MS)

2학년 전문화 과정 3학기 중 제1, 2 학기 모듈은 전공 분야를 아우르는 (다학제적[165], 학제적[166], 초학제적[167]) 방법론을 도입하여 운영하도록 하였다. 이 과정을 통해 학생들은 타 분야와의 협동을 통해 자신의 지식을 배양하는 법을 배우고 아울러 원전의 수명주기에서 실제로 요구되는 지식의 통합과 융합을 통한 기술의 발전단계를 실습할 수 있도록 하였다. 3학기는 전공 분야에 대한 심화 단계로서 타 전문 분야와의 연계는 유지하되 좀 더 고유 분야에 대한 심화 학습이 가능토록 하였다. 이러한 단일 학제[168] 중심의 전공분야 심화 단계는 학생별 졸업 프로젝트를 심도 있게 완성하는 단계로 설정하였다.

다시 위의 표를 살펴보자. 2학년도 1학기와 3학기 중반까지는 8개의 주제 단위 학습을 진행하고 3학기 후반 4주 동안은 프로젝트 보고서 또는 논문을 작성하도록 한다. 여기서 중요한 것은 8개의 주제 단위는 팀 단위 활동이라는 것이다. 그러나 마지막 4주 동안의 기간은 개별 연구를 진행한다. 학생들은 졸업을 위한 연구주제를 제1학기에 선정한 후, 2 3학기에 걸쳐 이를 지속해서 개선해 간다.

3학기 후반부에는 보고서 또는 논문을 완성하는 과정을 거친다. 연구주제는 개별적으로 선정할 수 있으나 필요에 따라 하나의 주제를 다른 관점에서 연구하도록 유연성도 제공한다. 물론 연구 보고서는 1학년과 2학년의 학습 과정에서 취득된 지식을 최대한 활용하여 개선점을 찾도록 하는 것이 무엇보다 중요하다.

표에서, 각 학기의 3개 주제 단위는 하나의 모듈이 된다. 마치 레고블럭과 같이 각 주제단위가 모여 좀 더 완성된 형태의 모듈이 되고, 세 개의 모듈이 모이면 하나의 형태를 갖추게 되는 2학년 프로젝트 수업이 되는 것이다.

---

165) Multidisciplinary : 다학제 또는 협업이라고 번역한다. 서로 다른 지식이나 서로 다른 분야에서 일하는 사람들이 연관되거나 포함되는 특징이 있다.

166) Interdisciplinary : 학제적인으로 번역한다. 둘 이상의 학문이 관여, 제휴, 이용, 공헌하는 것으로 여러분야에 걸치는 서로 다른 분야가 제휴하는 특징이 있다.

167) Transdisciplinary : 초학문간으로 번역한다. 학제적인 연구를 통해 새로운 결과를 도출하는데 목적이 있다. 교육에서의 융합을 말할 때도 이 단어를 사용한다.

168) Single-disciplinary

졸업요건을 만족시키기 위해 학생들이 제출하는 연구 보고서는 각 주제 단위에서 발굴된 역공학[169] 요소에서 주제 단위에서 발굴한 시스템, 구조물, 컴포넌트에 대한 개선점을 찾고, 재공학[170] 방법을 적용하여 이를 개선하는 것에 초점을 맞춘다. 반면 연구 논문은 독창성을 바탕으로 개선된 항목을 발굴하고, 이를 공학적 이론을 대입하여 분석하고 실험결과를 도출하는 것을 특징으로 한다. 논문은 또한 SCI/SCIE 급 정규 저널에 제출되어 1차 동료검토 단계를 통과해야 한다.

3) 주제단위 운영 개념

주제 단위 운영을 위해 KINGS는 자체적으로 템플릿을 개발하고 이를 이용할 수 있도록 준비하였다. 이 템플릿은 주제 단위 보고서 작성 훈련을 위해 제시된 것으로 여덟 번의 주제 단위 보고서를 템플릿의 형식에 따라 작성하다 보면 저절로 문제의 정의와 해법을 얻는 방법을 체득할 수 있을 것이다. 다음은 주제 단위 보고서 템플릿에서 요구하는 사항들이다. 단계별로 명확한 지침이 제공됨을 알 수 있다.

주제단위 제목 :

- 주제 범위와 내용을 구체적으로 알 수 있는 중요 단어를 열거

I. 배경 :

- 피교육자가 본 주제로부터 'Know-What and Why'를 이해하는 데 도움이 되는 내용을 중심으로 관련 기술의 발전이력, 현황 등을 소개

II. 연계사항 :

- 연계 주제 단위 : 본 주제단위와 물리적 또는 기능적으로 연관성이 깊은 주제 단위들에 대해 소개 및 연계된 내용을 소개

169) Reverse Engineering
170) Re-engineering

- 관련 계통, 기기 및 구조물 : 원자력발전소의 설계, 건설, 운전, 정비 과정에서 본 주제가 적용되는 설비를 제시하고 연계성에 대해 설명

III. 이론 및 방법

- 설계공학 요소 : 본 주제 단위에서 다루는 기술사항을 생산하는 데 사용하는 공학 이론들을 기술하고 실무에 적용하는 데 있어 고려해야 하는 가정조건, 경계조건, 근사화 방법, 경험식, 컴퓨터 코드 등을 설명
- 전문성공학 속성 : 본 주제 단위로 생산되는 결과물의 실제 구현과 관련된 전문성공학 분야의 고려사항들에 대해 기술
- 관리공학 사항 : 본 주제단위의 기술적 및 사업적 관리대상 목록들에 대해 관리공학 방법을 적용하여 정리

IV. 설계 및 결과물 생산 : 역공학 방법 적용

- 설계해석 및 엔지니어링 : 본 주제단위와 관련된 대상설비를 제반 엔지니어링 절차에 따라 설계
- 설계문서 작성 및 검토 : 엔지니어링 절차에 따라 결과물을 설계문서로 작성하고 프로젝트팀에 의해 ARP 1400 원전의 생산 결과와 비교, 검토

V. 설계실습 : 재공학 방법 적용

- 유사한 계통, 기기, 구조물에 대해 학생이 직접 본 주제단위 결과를 응용하여 결과물을 생산하는 실무 훈련

참고자료

- 본 주제단위에 수록하지 못한 상세한 이론 및 기술사항으로서 학생들이 숙지해야 할 내용을 담은 참고문헌, 데이터, 설계문서, 기술기준 및 법규, 산업표준 등을 수록

요약 : 주제단위의 핵심사항을 반복하여 정리

4) 1, 2학년 과정의 접목 개념

다음의 그림은 1차년도의 지식이 2차년도 전문화 과정에 어떻게 접목되는지를 보여준다.

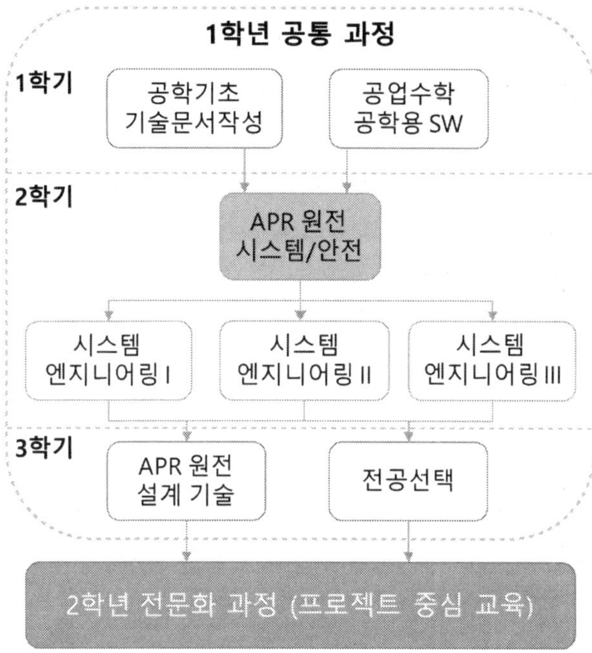

학생들이 KINGS에 입학하면, 1학기 동안 공학 기초 과정을 통해 기초 공학, 수학, 기술 영어, 컴퓨터 지원 엔지니어링 기법 등을 배우게 된다. 이에 익숙해진 학생들은 APR 1400 원전[171]의 기본적인 구조와 기능을 배우게 된다.

171) 최초로 완전 국산화되어 UAE 바라카 원전에 수출한 1400 Mw의 전기출력을 내는 발전소이다, 241다발의 핵연료를 태워 2개의 증기발생기에서 증기를 얻고 터빈을 돌려 같은 축에 연결된 발전기에서 전기를 발생시킨다. 필자는 학생들에게 이 발전소의 용량을 다음과 같이 설명한다. "1 kW짜리 다리미를 가진 140만 가정에서 동시에 다리미질을 할 수 있는 전기를 60년 동안 생산하는 발전소다."

2학기는 시스템엔지니어링의 기본 과정을 이수하게 되는데 이는 시스템엔지니어링의 개요와 실무적 적용, 요건관리 및 분석, 시스템엔지니어링을 이용한 설계 기본, 그리고 시스템엔지니어링을 도입한 관리 기법 등의 3개 과정으로 구성되어 있다.

이후 3학기에는 APR 1400 원전의 설계기준과 주요 설계 사상에 대한 심화된 지식과 함께 2차년도 과정에서 요구되는 전문성 공학에 대한 교육이 이루어진다. 이 과정을 통해 신뢰도, 가용도, 정비가용도, 안전성 등의 개념과 소프트웨어를 활용한 상위의 지식을 갖추게 된다.

2차년도에서 학생들은 각 주제 단위 수행 시, 시스템의 모델링과 시뮬레이션, 시스템 분석, 의사결정 및 리스크 관리, 시스템 아키텍쳐 및 조합 등의 심화된 교육도 경험하게 된다. 이는 KINGS의 교육이 실무전문가를 키우는 데 초점이 맞추어져 있다는 것을 의미한다.

5) 프로젝트 기반의 학급 운영 개념

전문화 과정 프로그램 운영의 개념과 원칙을 팀 기반의 '서로 가르치고 배우는' 것으로 정의하였다. 이를 바탕으로 학급 운영 방법 원칙도 다음과 같이 정의하였다.

KINGS 교육의 독창성은 팀 기반의 교육과 학습으로부터 나온다. 프로젝트 기반의 학급 운영은 다음과 같은 기회를 학생들에게 제공한다.

- 기술생산 능력과 기술관리 능력, 사업관리 능력의 균형개발
- 팀 기반의 협력 정신의 고취
- 리더십과 소통능력의 배양
- 문서화 능력과 연구윤리의 체화(體化[172])

다음은 수요자 중심의 코스 운영을 위한, 주제 단위 선정 기준이다. 본 주제 단위 선정기준은 학생의 소속기관별, 또는 국가별로 변형하여 적용할 수 있다. 이 주제 단위 선정은 각 단위 평가 요소별 점수를 합계하여 직접 적용하거나 또는 평가 요소별 가중치를 다르게 하여 적용할 수 있다.

번호	선정/평가 아이템	점수	가중치 고려
1	학습 동기	1-5	
2	실용적 필요성과의 동기 여부	1-5	
3	원자력발전소 운영 능력 향상	1-5	
4	학제적 교육 중심	1-5	
5	'Know-why' 중심의 교육	1-5	
6	이론과 통제 방법에 대한 적용 범위	1-5	
	소 계		?/100

6) 요건의 정의

타당성 조사보고서에 기술된 교육과정에 대한 요건과 2009년도부터 2011년도에 걸쳐 운영된 교과개발팀의 활동 중 학교 설립 타당성 보고서로부터 발굴된 요구사항을 활용하여 요구사항을 다음과 같이 정의하였다. 이 중 핵심 사항을 소개하면 다음과 같다.

172) 체화(體化)는 몸이 먼저 익히도록 하는 것이다. 몸으로 익힌 것은 평생을 잊어버리지 않는다.

- 현장과 연계된 교육과정 설계
- 수요자 중심의 교육 설계
- 모듈화된 복합 교육과정과 내용
- 전일제 교육 훈련
- 설계 공학의 전문 분야 지식의 활용
- 전문성 공학 분야의 경험 지식을 반영
- 관리 공학의 통합 능력 배양

7) 주제 단위 실행을 위한 상세 설계

상기에서 다뤄진 각종 요소를 종합하여 다음과 같이 6단계로 수행되는 2차년도 전문화 과정의 주제 단위 실행 모델의 상세 설계를 진행하였다.

다음의 표는 6단계로 진행되는 주제 단위별 활동과 일정, 그리고 주제 단위 탬플릿과의 상응성을 표시한다. 또한 활동별 담당자도 구체적으로 기술토록 하고 있다.

본 단계를 수행하기 위해 수행팀을 설계팀 (DT)[173]과 시스템엔지니어링팀 (SE)[174], 그리고 관리공학팀(ME)[175]으로 나누어 각각의 역할을 담당토록 하였다. 각 주제 단위별로 주어진 일정은 총 60시간(4주)으로 계획되어 있으나 주제의 범위 및 운영팀의 역량에 따라 12시간(1주) 정도는 증가할 수 있도록 한다. 단, 본 주제단위 학습의 목표가 정해진 기간 내에 하나의 주제를 완성하는 노력을 반복적으로 습득하는 데도 있으므로 하나의 주제 단위를 가지고 가급적 4주 이상 운영하지 않도록 하는 노력도 요구된다.

---

173) Design Team
174) Systems Engineering Team
175) Management Engineering Team

활 동	일정 (주)				주제단위 템플릿	수행자
	1 주차	2 주차	3 주차	4 주차		
계획 단계						
프로젝트 설계					**제목 및 역무**	
프로젝트 팀의 업무 영역/깊이 정의						DE/SE/ME
참고문헌 및 데이터 수집						전체
준비 및 문제정의 단계					**I. 배경정의** **II. 인터페이스**	
주제단위 개요서 작성					**I.3 경계 및 업무 분할내용**	
SOP[176] 설명						교수
팀원별 직무 식별 SOW[177] 작성					**WBS 준비**	DE/SE/ME
팀원별 역무 할당						DE/SE/ME
SEMP[178] 작성						전체
이론적 배경 및 문제 해법					**III. 이론 및 방법론**	
필요 전공분야 식별						DE/SE/ME

이론배경에 대한 짧은 강의														교수
설계에 필요한 컴퓨터 코드 학습														DE/SE/ME
산출물 검토 및 개정														전체
설계 요건 분석														
요구사항 분석 및 확인														DE/SE/ME
짧은 강의														교수
역공학을 위한 SOW 개발														전체
산출물 검토 및 개정														전체

176) System Operation Plan : 본 주제단위 수행에 대한 수요자의 기대와 필요성을 정리한 문서이다. 기본적인 제한사항과 시스템 개발 경계, 일정 및 산출물에 대한 기본적인 내용을 담았다. 이는 공급자가 개발하게될 SEMP (시스템엔지니어링 관리계획)의 선행문서가 된다.

177) Statement of Work : 직무 기술서라고 명칭하였다.

178) System Engineering Management Plan : 시스템엔지니어링 관리계획이다. SOP가 수요자의 기대와 필요성, 프로젝트 제한사항 등을 담은 문서라면 SEMP는 발주자의 관리계획을 상세 수준으로 기술한다. WBS (Work Breakdown Structure, 역무분할구조)와 관리 가능한 수준의 스케줄도 포함된다. 본 시뮬레이션에서는 공개 프로젝트 관리도구인 Project Libre를 이용하여 일정과 개발 진척도를 평가하고 관리하였다. 산출물과 이에 대한 구체적 구현 방향도 이 문서에 기술된다.

설계 정의													**IV. 설계 적용**	
짧은 강의									—	—				교수
맞춤형 아키텍처 및 설계정의 절차									—	—			**IV.2 설계 과정** **IV.3 설계 절차**	DE/SE/ME
산출물 검토 및 개정									—	—				전체
요약문 작성 및 검증													**V. 요약문**	
요약문 작성											—		**V. 요약문**	전체
설계 검증											—		**VI. 설계 검증**	전체

8) BSC 기반의 학생 성취도 평가

다음은 학생평가를 위해 개발한 BSC[179] 카드다. 교육의 관점을 지식, 기량, 가치에 두고 각각 세부 항목으로 나누어 관리한다. 이 BSC는 2학년 전문화 과정에 사용된다.

지식 관점			**기량 관점**					**가치 관점**			
설계 공학	**전문성 공학**	**관리 공학**	**시스템 사고**	**문제해결**	**소통**	**의사결정**	**문서화**	**팀워크**	**책임감**	**리더십**	**도덕성**

179) BSC (Balanced Score Card) : 1992년 미국 하버드 대학의 카플란과 노튼에 의하여 개발된 전략적 성과관리기법

지식관점은 설계공학, 전문성 공학, 관리공학 세 분야에 대한 성취도를 평가하고, 기량 관점에서는 학생들이 시스템 사고를 하는지, 문제해결 능력은 배양되었는지, 영어소통을 포함한 소통 능력은 있는지, 그리고 의사결정 능력과 문서화 능력을 평가한다. 또한 가치 관점에서는 팀원으로서 동료와의 화합을 위해 노력하고 책임감이 있는지, 리더로서 리더십을 발휘하는지, 그리고 가장 중요한 도덕성이 있는지 등을 매 수업 시간마다 평가한다. 각 세부 항목들에는 가중치가 부여된다. 기본적으로 지식 관점에 가장 큰 가중치를 부여하고, 기량 관점과 가치 관점은 상대적으로 적은 가중치를 부여한다. 이 BSC 평가 방법을 통해 학생들의 연속적인 계발을 유도하게 된다.

나. 전문화 과정 시뮬레이션

2011년 11월 초부터 2012년 2월 말까지 4개월 동안 실시한 전문화 과정 시뮬레이션 보고서에서 발췌한 내용을 통해, 과정의 설계 내용과 이를 실제로 구현하고 확인 및 검증 결과가 어떻게 일치하고 얼마나 차이가 있는지를 소개하고자 한다. 첫 번째 학생들이 입학하기 4개월 전에 실시한 이 실험은 3명의 본교 교수가 과정 운영자의 역할을 담당하고 7명의 국내 원자력 전문가가 팀원으로 참여하여, 프로젝트로부터 최소 단위인 주제 단위까지 하향식으로 주제를 정하고, 하나의 주제 단위를 선정하여 정해진 기간 내에 효율적으로 수행할 수 있는지를 알아보기 위한 것이었다. 이 시뮬레이션에는 과정 설계 시 진행한 문제의 정의 및 분해 단계의 각종 산출물을 이용하여 교육 시스템을 구현하고 통합하는 데 초점을 두었다. 그림은 V 모델로 표기한 전체 내용이다. 문제의 정의와 분해는 V-자의 왼쪽에, 시스템의 구현과 통합은 V-자의 오른쪽에 위치한다. 3부 기술개발 과정에서 소개한 사업·임무 분석 과정부터 설계 정의 과정까지가 문제의 정의와 분해에 해당한다.

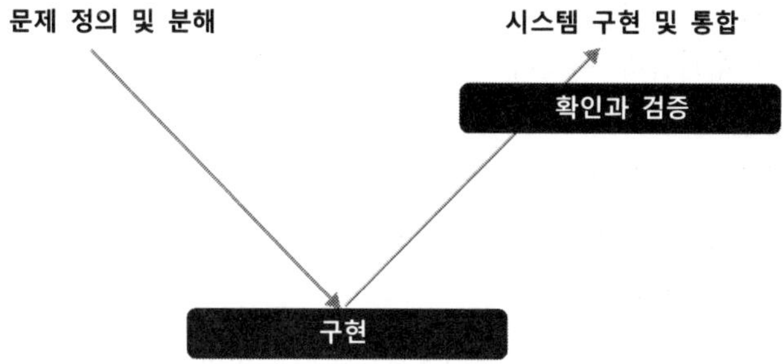

전문화 과정은 4주의 짧은 기간 동안 하나의 주제 단위(Subject Unit)를 유기적으로 진화시켜가도록 하고 있다. 이는 KINGS 교과 과정의 특성화를 나타내는 것으로, 현장기반 교육 일정, 수요자 지향 교과 설계, 융합 모듈형 교과요강을 모두 만족하는 교육 기법의 하나이다. 과정 시뮬레이션을 위해, 먼저 KINGS가 고리원전 단지에 입지한 장점을 살려, 고리 1발전소, 고리 2발전소, 신고리 3, 4발전소 및 원자력 교육원에서 계측제어 분야의 중간관리자로 활동하는 차장급 직원들을 추천받아 학생팀원을 선정하였다. 이 밖에, KINGS 설립 초기 전문화 과정 프로그램을 직접 설계한 원자력 교육원의 UAE 교육팀장과 국내 원전의 계측제어설비 개발을 담당하는 제작사의 연구소장도 역시 학생팀원으로 초청하였다.

이 외에도 학교 설립의 논리적 배경을 정립한 오세기 총장님[180]도 원격으로 참여하여 과정 진행에 대한 자문을 담당해 주셨고, 본인이 개발한 JAD 프로세스와 주제 단위 템플릿[181] 에 대한 상세한 설명도 덧붙여 주셨다. 과정의 운영 중 본교의 교직원들이 수시로 참여하여 의견을 제시함으로써 본 시뮬레이션이 더욱 풍성해질 수 있도록 해 주었다.

과정 운영은 각 참가자의 일정을 고려하여 월요일 일과 후인 6시부터 9시까지 3시간 동안 진행하는 것을 원칙으로 하였다. 시간을 절약하기 위해 학교에서 준비한 도시락을 강의실에서 먹으며 진행하였다. 총 12번의 모임을

180) JAD에 의한 전문화 과정을 설계하였으며, 제 2대 KINGS 총장을 역임하였다.
181) Subject Unit Template

통해, 팀원들은 서로의 강점과 약점을 분석하고 개선책을 내는 데 주력하였다. 아울러 우리나라 원자력 엔지니어는 정해진 방법을 이용하여 문제를 해결하는 데는 강점이 있으나 문제 자체를 정의하고 이를 해결하기 위한 의사결정은 매우 힘들어한다는 것을 밝혀냈다. 따라서 향후 2차년도 전문화 과정은 문제 정의와 의사결정 과정을 지원하는 데 중점을 두어야 한다는 자연스런 결론도 도출하였다.

시뮬레이션 과정 및 결과는 "원자력발전소의 리더급 실무전문가가 되기 위한 6단계[182] "라는 제목으로 2012년 2월 말 KINGS 내부 보고서로 발간되었다.

보고서의 구성 체계는 우리 학교가 추구하는 체계 공학적 방법론을 적용하여 6단계의 프로세스로 나누었다. 먼저 주제 단위 과정의 단계를, 계획 단계, 개념 단계, 요건 단계, 설계 단계, 구현 단계, 확인 및 검증 단계로 나눈 후, 단계별 주요 활동을 정의하는 것으로부터 출발하였다.

6 단계 활동 중 계획, 개념, 요건 및 설계 단계는 기존의 타당성 조사 보고서와 교과과정개발 도중 도출된 각종 현안들, 그리고 본 4단계를 학생팀원에게 설명하면서, 질의응답을 통해 서로의 이해를 공유한 부분 위주로 정리하였다. 이러한 상위 단계들은 최초 학교 설립의 교육 철학과 원칙이 실제의 교과 운영과정에서 어떻게 적용될 수 있는지와, 어떠한 성과로 나타날 것인지를 계량할 수 있는 성능지표를 만드는 과정이라고 말할 수 있다.

하위의 2단계, 즉 구현과 검증 및 확인은 바로 이러한 성능지표 하에서 주어진 주제단위가 효율적으로 수행될 수 있는지를 알아보는 단계다. 구현단계에서는 주로 제공된 주제 단위 템플릿 자체에 대한 이해공유 작업이 이루어졌고, 가장 작은 단위인 주제 단위를 유기적으로 결합하여 모듈을 만들고 이를 다시 프로젝트로 구성하는 기본적인 원칙과 기법을 이끌어 냈다. 이와 함께 주제 단위를 선정하는 원칙도 만들어졌는데 이는 수요자 중심의 교육을 이루기 위한 참여자들의 공통적 의지를 반영한 것이라고 하겠다.

---

182) The Six-steps toward the Leadership Professional in Nuclear Power Engineering 제호로 영문 보고서가 2012년 3월 발간되었다,

확인 및 검증 작업을 위해서는 어떠한 성능지표를 가지고 평가할 것인가가 매우 중요하다. 이 성능지표 역시 전문화 과정 설계단계에서 작성했던 요건을 기준으로 발굴하였다.

KINGS의 졸업생들이 어디서 무슨 일을 하든 이해관계자의 필요성을 파악하고 이를 요건으로 규격화하는 작업은 평생에 걸쳐 수행해야 하는 기술자의 필수 역량이다. 또한 이러한 눈 앞에 펼쳐지는 실무의 세계는 방정식으로 풀 수 있는 정형화된 것이 아니라 무작위적이고 비선형적인, 때때로 앞이 캄캄해지고 절벽과도 같은 고독 속에서 문제의 본질을 찾아야 하는 미로 찾기와 같은 것일 것이다.

본 시뮬레이션에서는 학생들의 문제 인식 능력을 키우는 최선의 방법을 찾기 위한 장치도 마련되었다. 바로 주제 단위의 선정과정에서의 토의다. 화두와 같이 던져지는 주제 단위는 결코 문제를 정의하지 않는다. 주어진 주제를 안고 끙끙대면서 학생과 교수가 문제를 정의하는 데서 이러한 역량은 배양된다. 본 시뮬레이션에서는 학생팀원의 전문분야인 원자력발전소 계측제어 분야 중, 주요 현안인 '발전소 보호계통의 설계기반 문서작성'을 주제 단위로 선정하였다. 이 주제를 이끌어 내는 데만 2주가 소요되었다. 주제가 식별되고 이해되기 시작하자 문제의 해결 과정은 일사천리로 진행되었다, 참 신기한 일이다.

본 과정 운영상 어려웠던 점은 국내 원전의 계측제어 분야에서 핵심역할을 담당하는 중간관리자들도 시스템엔지니어링에 대한 지식이 크게 부족하다는 점이었고 이 점은 과정 운영자로 참여한 교수들의 경우도 크게 다르지 않았다. 따라서 엔지니어와 엔지니어링의 차이점, 시스템엔지니어링에 대한 다양한 정의에 대해 검토하는 작업도 계획단계에서 선행하였다.

이 과정에서 James 교수는 6명의 장님이 코끼리를 만지는 것에 비유하여 시스템엔지니어링에 대한 다양한 이해의 관점이 가능함을 상기시켜 주었다. 또한 관점별 시스템 엔지니어링에 대한 정의도 Jane Fraser와 Abhijit Gosavi의 논문[183] 요약을 통해 밝혀 주었다. 다음은 최종 보고서에 수록된 서문이다.

Preface

I am often impressed by the cycle of the nature in this world.

This is the last day of February and I can see the tiny leaves budding from where the last year's leaves have fallen. Having endured the cold winter, the trees are responding to the warm wake-up call of sweet breeze from the south. And it will soon bloom into beautiful flowers. How wonderful are all the living things! I cannot help singing a hymn of praise because of them.

The nature is full with stories of paradox as depicted in the ***Book of Changes***. It tells about the stability as well as the dynamics: which is represented by the reciprocal relationship of the Yin and the Yang. Placing the Yin above the Yang, they start to circulate. The Yin is eager to come downward, while the Yang tends to go upward. Without circulation and dynamics, nothing can exist.

This report is the result of deep consideration on how to effectively foster the leadership professionals for the nuclear power engineering. Even an engineer who doesn't have a lot of experience in the real world must be re-born as a professional through the unique educational system in **KINGS.**

But the constraints imposed on our education are relatively tough. The time is fixed, just two years, and the teaching resources are limited. How can we go through it? Without well-organized learning method, we won't be able to overcome this barrier and reach the educational goal.

Thankfully, we have two sets of treasured swords, which are joint application design **(JAD)** and subjectunit **(SU)** template. I believe that the JAD would give dynamics into the classroom while the SU template shows us the way to the goal.

183) Jane Fraser and Abhijit Gosavi, Six Definitions of Systems Engineering (and of System Engineers as its practitioners), Proceedings of the American Society of Engineering Education, 2011

The following is how the educational system and method in KINGS are established. Throughout the feasibility study on the instruction method, experts have given deep consideration to the questions of how to deal with the constraints and how to establish the identity of the school from the very beginning. They came to a conclusion that the better way to keep the school identity and the uniqueness of learning system is JAD.

Stephen R. Covey, the best-selling author of the Seven Habits of Highly Effective People, has profoundly demonstrated how every person can truly control their destiny. In the book, he writes about the difference between leadership and management, as follows:

> *"Management is efficiency in climbing the ladder of success; Leadership determines whether the ladder is leaning against the right wall."*

How would KINGS promote the decision-making capability within the courses? You will be able to get some idea when you look into the JAD process as well as subject unit template.

The curriculum design is ready, and then we have to consider how we can implement the subject unit on the second-year courses.

This report will give you an idea for the practical implementation of JAD. Surely, there can be many paths that would lead to the optimal method, so I hope that you can find even better ways to cultivate the leaders for the next generation in nuclear power plant engineering.

Prof. JaeCheon Jung, Feb. 29, 2012

다음의 표는 정해진 주제단위를 실행한 결과이다.

1) 1 단계 : 배경 정의

제1단계인 배경 정의를 통해 주제에 대한 명확한 이해가 가능하도록 한다. 이 단계에서는 주제를 정하고, 주제 단위의 수행목적을 정의한다. 그리고 이 주제 단위에 어떠한 제한 사항과 어떠한 형태로 주제가 분할되었는지를 관리 가능한 수준의 역무 패키지로 정의한다. 만일 주제 단위가 다루는 내용이 학생들이 4주간 수행할 수 없는 경우, 이는 좀 더 세분하여 다루는 훈련이 필요하다. 레고 몇 개를 조합하여 방 하나를 만들기는 쉽지만 레고 블록으로 집을 지으려면 여러 가지 고려해야 할 사항이 많아진다. 그러나 주제단위를 정의하는 단계에서 집에 대한 개념을 잡고 이 중 방 하나를 구현하도록 훈련되어야 전체를 보는 안목이 생긴다. 본 배경 정의 단계는 이러한 사항을 반복적으로 훈련하기 위한 것이다.

요구사항		실제 활동	완성도[184]
1 단계	배경		
S 1.1	주제단위 정의	원자로보호계통 설계문서 재구성	Y
S 1.2	주제단위 수행 목적	안전필수 계통 시스템 설계기반 문서를 종합적이고도 완전하게 재구성할 수 있는 설계 과정과 절차를 완성한다.	Y
S 1.3	역무 경계 및 제한 사항	원자로보호계통의 설계기반 문서로 제한한다. 설계에 필수적인 문서만을 분석 대상으로 한다.	Y
S 1.4	역무 분할	Work Breakdown Structure를 작성	Y
S 1.5	기술적 진보성	소프트웨어 공학 도구를 이용하여 모든 문서를 가시화하고 문서간 추적성이 자동으로 연결되도록 한다.	P

2) 2 단계 : 인터페이스

주제 단위의 실행에 있어 문제가 되는 것은 어떠한 항목을 인터페이스로 분류할 것인가이다. 이에 대한 토의 결과, 4주 동안의 일정을 바탕으로 주제 단위의 핵심에서 제외되는 사항이 인터페이스로 처리되는 것이 바람직하다는 데 모두 동의하였다. 이는 하나의 주제 단위가 가진 시간적 제약인 4주라는 짧은 일정을 극복하는 유일한 길로 판단된다.

다양한 주제에 대해 장기간에 걸쳐 진행하다 보면 문제의 핵심을 잃기 쉬우므로 주어진 주제에 대한 문제와 솔루션 위주로 핵심을 정의하는 능력 또한 우리가 배양해야 할 역량이 아닌가 한다.

2단계	인터페이스		
S 2.1	다른 주제단위와의 연계	여기서는 본 주제단위를 수행하기 위해 선행되어야 할 1학년 교과목과 내용을 선정하였다.	P
S 2.2	연관되는 시스템, 구조물, 컴포넌트	본 주제단위와 연계되는 시스템들을 식별하였다.	P

3) 3 단계 : 이론 및 방법론

본 시뮬레이션을 위해 선택한 주제 단위의 제목이 '원자로보호 계통의 설계기반 문서 재구성'이었다. 이 주제는 기술전문가 프로젝트에 해당된다. 따라서 직무활동 영역을 고려하여 설계공학 (50%), 전문성공학 (30%), 관리공학 (20%)으로 배분하였다. 다음은 각 공학활동의 주된 내용이다.

184) 완성도 평가를 위해 Y=완료, P=부분완료, L=제한적, N=미완료 의 4단계 평가 지표를 활용하였다.

3단계	이론 및 방법론		
S 3.1	설계공학 요소		
S 3.1.1	원자로 및 노심공학	해당 없음	N
S 3.1.1	열유체 공학	해당 없음	N
S 3.1.2	계측제어 공학	원자로 보호계통 설계문서 중 시스템 요구사항 명세서에 기술된 모든 상위문서를 대상으로 식별하였다. 기본적으로 법령, 규제요건, 규제자 검토 계획서 등이 포함된다.	P
S 3.1.3	재료 및 화학공학	해당 없음	N
S 3.1.4	기계 및 구조 공학	해당 없음	N
S 3.1.5	전기공학	계측제어 시스템의 독립성 검토항목에서 다루도록 하였다.	L
S 3.1.6	설계 기반 문서	상위 법령, 규제지침, 산업표준 등을 식별하고 이를 기반으로 추적성을 부여하였다.	Y
S 3.2	전문성 공학 속성		
S 3.2.1	신뢰성 및 가용성	상위 문서에서 신뢰성과 가용성에 대한 요건 및 성능지표를 발굴하여 원전에 설치된 기기가 이 요건을 만족하는지 여부를 평가하였다. 단, 실제 분석은 수행하지 않았다.	L
S 3.2.2	인간공학	해당 없음	N
S 3.2.3	생산성 및 건조성	해당 없음	N
S 3.2.4	지원성 및 정비성	신뢰성과 가용성 평가와 함께 수행하였다.	L
S 3.2.5	운영성 및 수명주기 고려 사항	해당 없음	N

S 3.3	관리공학 활동		
S 3.3.1	기술 프로그램 관리 활동	보고서에 포함하였다.	L
S 3.3.2	요구사항 관리 활동	해당 시스템에 대한 원천문서와의 추적성 부여 방법 결정하였다. 단, 실제 추적성 분석은 수행하지 않았다.	L
S 3.3.3	형상관리 활동	형상관리 방법 및 절차를 식별하였다. 실제 형상관리는 수행하지 않았다.	L
S 3.3.4	사업관리 활동	직무 기술서에 포함하였다.	P

4) 4 단계 : 설계 적용

본 장은 주제 단위에 따라 탄력적으로 운영되어야 하는 항목이다. 예를 들어 시스템 A의 설계 시 요구되는 항목과 시스템 B에 요구되는 항목이 다를 경우 작성되어야 할 설계 요소와 전문화 속성, 그리고 관리 활동은 달라진다. 본 주제 단위에서 다룬 주된 내용은 다음과 같다.

4단계	설계 적용		
S 4.1	설계 요건 명세서		Y
S 4.1.1	기능요건	시스템 설계명세서 상에 기술되었는지를 파악하였다.	Y
S 4.1.2	설계 요건	시스템 설계명세서 상에 기술되었는지를 파악하였다.	Y
S 4.1.3	제한사항 및 환경요건	시스템 설계명세서 상에 기술되었는지를 파악하였다.	Y
S 4.1.4	인허가 요건	시스템 설계명세서 상에 기술되었는지를 파악하였다.	Y

S 4.2	설계 절차		
S 4.2.1	WBS-기반 설계 프로세스의 일치성	일치성을 검토하였다.	L
S 4.2.2	기술개발 프로세스 가시화	설계 흐름을 기능흐름 블록도로 표현하였다.	Y
S 4.2.3	각 기술개발과정에서 산출되는 기술 규격서 조합 및 추적성	설계기반 문서화 결과를 부록 D로 수록하였다.	Y
S 4.3	설계 절차		
S 4.3.1	요구사항과의 일치성 파악을 위한 매트릭스 작성	추후 작성하기로 하였다.	L

5) 5 단계 : 요약

본 항목에서는 수행한 주제 단위의 결과를 요약 정리하였다. 주제 단위에 대한 설명과 과정 수행 중 발생한 특기사항, 그리고 식별된 문제점과 해결 방안 등을 기술하여 다음번 주제 단위의 수행 시 참고할 수 있도록 하였다. 이와 함께 설계 실습 단계에서 재공학을 통해 수행할 주제도 선정하였다.

5 단계	요약문		
S 5.1	본 주제단위에 대한 전반적 사항을 요약 초록 형태로 작성	부록 C로 수록하였다.	Y
	참고 문헌		Y

6) 6 단계 : 설계 검증

주제 단위를 수행할 때 단계별 활동에 대한 확인 및 검증은 매우 중요하다. 2차년도의 주제 단위 수행은 V-모델을 준용하여 V-모델의 좌측 날개인 분해와 정의 활동 각 단계가 우측 날개인 통합과 확인 활동과 어떻게 일치하는지를 파악할 수 있도록 하였다. 본 시뮬레이션에서는 수행할 기회가 없었으나, 정규 과정에서는 6단계를 모두 거친 학생들은 2학년 3학기의 마지막 주제단위로 각자의 설계 실무를 수행한다. 부분적인 재공학 방법을 이용하여 진행되는 설계 실무는 위의 6단계를 통해 습득한 지식과 방법론을 보고서 또는 논문 형태로 완성한다. 최종 보고서/논문은 지도교수에 의해 평가되고 피드백 된다. 또한 논문을 SCI/SCIE에 제출하여 1차 동료검토를 통과해야 졸업 사정 기준을 만족하는 것으로 하였다.

西生浦口에서 : 시스템엔지니어링으로 집짓기

집을 지어본 사람은 알 것이다. 현장의 인부들과 대화하는 것이 얼마나 어려운 것인 가를. 필자가 대전 외곽에 전원주택을 지을 때의 일이다. 출근 전 현장에 들러 작업자에게 신신당부한다.

"김 기사님. 거실 창문을 통해서 눕든지 앉은 상태에서 바깥 풍경을 볼 거니까 창문 높이는 50센티로 해 주세요."

이틀 전 통닭과 맥주를 사 들고 현장에 나가 부탁 아닌 부탁을 간곡히 했을 때도 분위기는 좋았다. 하지만 회사 일을 늦게까지 처리하느라 하루를 걸러 현장을 다시 찾았을 때, 이미 거실의 창은 1.2 미터 높이로 만들어져 거실 벽 전체가 마무리되어 있었다. 분명히 50센티 높이로 창문을 만들어 달라고 했건만 신신당부한 내용은 어디로 가고 현장의 책임자 목수만 겸연쩍은 표정을 짓는다. 헐고 새로 만들자니 돈이 많이 들것이오, 그대로 놔두자니 베개를 베고 누워서 바깥 경치를 음풍농월하는 맛은 물 건너갔으니 이를 어찌 할고. 소파를 들이지 않기로 한 당초의 계획은 사라지고 좁은 공간에 비싼 가구가 들어와 이후 20년간 동고동락하게 된다.

시스템엔지니어링 마스터인 옥 교수님[185]에게 들은 다세대 주택 리모델링에 적용한 시스템엔지니어링 사례를 글로 옮겨본다. 이분은 "시스템엔지니어링은 인간의 모든 생활에 적용할 수 있다."는 굳은 믿음을 가지고 오늘도 이의 확산을 위해 바쁘게 24시간을 살고 있다.

미션은 다세대 주택의 리모델링이다. 다세대 주택을 리모델링하는 목적은 간단하다. 임대를 통해 이익을 얻는 것이다. 목표는 빠른 시간 내에 합리적인

185) 공군대령을 예편하고 방위사업청 교수를 지낸 시스템엔지니어링협회 옥영호 부회장님의 얘기다.

비용지출을 통해 최상의 품질을 얻는 것. 이를 위해 먼저 유사한 형태의 리모델링을 마친 근처의 집들을 방문한다. 그리고는 매의 눈으로 꼼꼼히 장단점을 살펴본다.

1. 원룸과 투룸형 임대에 따른 장, 단점은 무엇인가? 누가 들어와 살 것인가?
2. 누가 살고 있는가?
3. 평균 세입자 주거 기간은 어느 정도인가?
4. 세입자가 지닌 필수 생활도구는 어떠한 것이 있는가?
5. 유지보수 상태는 어떠한가? 잘 관리되고 있는가?
6. 생활의 쾌적성은 보장되고 있는가?

다양한 연령대의 세입자와 대화를 통해 이해관계자의 집에 대한 기대와 요청사항을 얻은 다음, 리모델링 후 임대를 진행해 줄 부동산 중개인과의 인터뷰도 마쳤다. 가장 중요한 원룸형으로 리모델링을 진행할 것인가, 아니면 투룸형 인가에 대한 선택의 문제는 다음과 같은 장단점 비교를 통해 투룸형으로 진행하기로 초기에 결정하였다.

젊은 층이 주로 임대할 것으로 예상되는 원룸형의 경우, 다음과 같은 장단점이 채집되었다.

- 이들은 집에 있는 시간이 적어 내장 시설의 이용 빈도가 낮다. 또한 젊은이 특유의 건강함과 발랄함을 지니고 있어 건물의 이미지를 밝게 한다. 장점이다. 그러나 다음과 같은 단점도 있다.
- 생활패턴이 일정하지 않고 층간 소음에 대한 분쟁을 가끔 발생시키며, 비교적 단기간 거주를 하는 성향이 있어 건물 관리에는 불리하다. 젊은 층은 입주 계약을 할 때, 도배를 포함한 인테리어 작업을 요구한다.

- 또한 청소 등을 잘 하지 않아 건물에 대한 가치를 떨어뜨리는 경우도 있다.

투룸형으로 리모델링할 경우는 신혼부부, 어린 자녀를 둔 4인 가족, 그리고 중년의 부부 2인 가족 등 다양한 세입자의 요구사항을 만족해야 한다. 이러한 주거 형태는 다음과 같은 장단점이 있다.

- 신혼부부의 경우 아파트 생활을 선호해 다세대 주택에는 2년 이상 거주하지 않는다. 어린 자녀 둘을 둔 부부의 경우, 아이가 자라 초등학교 입학을 하면 이사를 심각하게 고민한다. 중년 이후의 부부는 비교적 장기간 임대를 한다.
- 세입자는 양문형 냉장고, 김치냉장고, 식탁, 침대, 소파, 벽걸이 텔레비전 그리고 컴퓨터를 공통으로 가지고 있다.
- 장기간 거주하는 세입자는 고장 수리 이외에는 유지보수의 요구가 별로 없으며 사소한 관리는 스스로 진행하므로 유지보수의 노력이 경감된다.

이상의 간략한 분석에 의한 필요성과 이해관계자 요구사항 정의를 바탕으로 "건물 리모델링"이라는 시스템에 대한 요구사항을 수립하였다. 이 중 핵심 개념 중 일부를 소개하면 다음과 같다.

- 대부분의 다세대 주택의 공간 품질은 별로 좋지 않다. 이는 건물의 낮은 품질뿐만 아니라 건축 또는 리모델링 과정에 대한 관리 감독을 거의 하지 않는 건물주의 책임도 크다. 따라서 발주자는 운영 요구사항을 작성하여 SEP[186) 명세서 작성의 근거로 삼아야 하며, 공사를 담당하는 업체는 SEMP 형태의 문서를 작성하여 실제 공사계획의 기준으로 삼아야 한다.

186) System Engineering Plan

- 위치적인 측면을 고려해 볼 때 주 임대 대상은 중년 이후의 부부이다. 따라서 주 임대 대상의 편의를 최우선으로 하는 공간 구성을 하여야 한다. 여기에는 빌트인 가구 이외에 세입자가 가지고 있는 가구 및 가전제품은 일반 규격 이상의 제품이 문제없이 반입되고 설치될 수 있도록, 출입문, 계단, 창호 등의 설계 시 반영하여야 한다.

물론 이후의 설계와 구현단계는 기존의 인테리어 업체가 진행하는 사항과 별 차이가 없이 진행될 것이다. 그러나 이해관계자의 요구사항을 정의하고 시스템 요구사항으로 변환하는 단계를 건너뛴 경우는, 필자가 경험한 창문 높이 실패사례와 같이 입주 후 20년 내내 불편함과 후회로 다가온다.

찾아보기

맺는 글

시스템엔지니어링을 좀 더 쉽게 학생들에게 전달해야겠다고 시작한 책 저술에 8년의 세월을 보냈습니다. 이제는 끝내야겠다고 결심한 후 컴퓨터에 저장된 제 원고를 보니, 일관성은커녕 각종 주제어를 남발하고 있었습니다. MB 정부 때 쓴 글에는 지식경제를 얘기하고 있고, 다음 정부에서는 창조경제를, 그리고 현 정부 들어서는 4차 산업혁명까지, 정부가 내놓은 주제어를 충실하게 답습하고 있었습니다. 그러나 저를 포함한 모두가 이리저리 새로운 길을 찾는 지난 10년 동안, 전통적인 제조업에서 강점을 보였던 조선과 자동차 산업은 오히려 성장 동력을 잃고, 많은 사람이 직장에서 거리로 내몰리는 안타까운 현실을 마주할 뿐이었습니다.

우리에겐 혁신에 대한 역량이 없는 것일까요? 무엇이 문제여서 매년 20조 여조원에 달하는 정부예산을 R&D에 투자하고도 아직 변변한 작품이 나오지 않는 걸까요? 계획서상의 기대효과대로라면 우리는 세계 최고의 경쟁력을 지닌 기술 강국, 지식 강국이 되어야 하지 않았을까요? 저는 틀을 만드는 교육의 부재가 오늘날과 같은 결과를 가져왔다고 생각합니다. 정부는 정부대로, 기업은 기업대로, 학교는 학교대로, 연구기관은 연구기관대로, 지식과 기술을 담을 틀을 제대로 갖추지 않은 것이지요. 논산훈련소에 가면 머리를 깎고 군복을 입게 하고, 제식훈련부터 시킵니다. 명령에 충실하게 복종하는 사병을 만들기 위함이지요. 바로 군인의 틀입니다. 전쟁이 나면 목숨을 바쳐 싸워야 하니까요. 이렇듯 틀을 갖추는 일은 무엇보다 중요합니다.

지식은 그릇의 크기만큼 담긴다는 원리를 아시나요? 우물에서 물을 길어 올리는 두레박은 나무판자를 이어 만듭니다. 그런데 이어 붙인 나무판자의 높이가 일정하지 않으면 물은 가장 낮은 판자 조각의 높이만큼만 담기게 됩니다. 이렇듯 지식의 양 또한 개개인의 교육과정을 통해 형성된 틀에 따라 결정됩니다. 산업화시대를 축약해서 달려온 우리에게는 틀의 미완성이라는 치명적인 약점이 있습니다. 이 약점으로 인해 국민소득 3만 불의 유리천장을 깨지 못하고, 그간 승승장구했던 전통적인 제조업은 가라앉고 있습니다. 산업화 시대에는 해법이 중요했습니다. 그러나, 지식화·창조화·4차 산업혁명의 시대에는 틀로서의 교육을 다시 바라보아야 합니다. 공식에 대입해 문제를 해결하는 능력으로는 결코 이 유리천장을 깰 수 없습니다.

우리나라 축구팀이 가장 좋은 성적을 냈던 때는 월드컵이 우리 땅에서 열렸을 때이고, 88 올림픽 때 우리나라 국가대표가 가장 많은 금메달을 목에 걸었던 것을 기억합니다. 왜일까요? 모두들 홈그라운드의 이점을 생각할 것입니다. 우리에게 유리한 심판의 판정이 있었을 수도 있겠지만 내 땅의 공기를 마시고, 입에 맞는 음식을 먹으며, 편안한 잠자리에서 숙면을 취한 후 맞는 경기는, 시차에 쩔쩔매면서 치루는 경기와는 딴판일 것입니다. 이처럼 원정 경기는 남이 정해놓은 규칙과 남이 낸 문제를 푸는 것으로 볼 수 있습니다. 물론 홈그라운드 경기를 하는 것은 내가 문제를 내고 남들이 그 문제를 풀어내는 것이겠지요. 당연히 내가 유리한 경기를 치를 수 있습니다. 이처럼 지식과 기술에서의 홈그라운드는 바로 문제를 내는 능력입니다. 새로운 산업을 창출한다는 것 역시 문제를 내가 내고 새로운 패러다임을 만든다는 말과 같습니다. 그러나 어떠한 문제를 만들어 낼까는 전적으로 틀의 형성과 관련이 있습니다. 저는 EBS 방송프로그램에 최고의 교사로 소개된 '정준환 선생님'의 다음 한 마디에 깊이 공감합니다.

"가장 큰 교육 효과는 학습하는 방법을 학습하는 것이다."[187)]

시스템엔지니어링은 바로 일하는 방법을 학습하는 것입니다. 또한 이 과정은 지식과 기술을 담는 틀을 형성하는 것이라고도 말할 수 있습니다. 지식의 골격을 만드는 것은 창조성과도 연관이 있으며, 4차 산업혁명 시대에도 여전히 중요합니다. 골격 없는 인체는 서 있지 못하니까요. 이 책에서 다루는 소재가 자동차이고 전력 분야기술이라 해도, 저의 목표는 여러분과 함께 지식

---

187) 조선일보, 2011년 1월 7일자

의 골격, 기술을 담는 틀을 완성하는 것입니다. 우리말로 비행기를 날틀이라고 부릅니다. 날기 위해서도 틀은 필요합니다. 이 책이 여러분의 지식의 틀, 기술의 틀을 좀 더 키우고 완성하는 데 도움이 되었으면 합니다.

시스템엔지니어링이 열어가는

수소차 마이크로그리드 세상

2019년 1월 20일 초판 인쇄

2019년 1월 25일 인쇄 발행

저 자 정재천

발 행 인 송기수

발 행 처 도서출판 GS인터비전

편 집 처 도서출판 GS인터비전

표지디자인 디자인붐

인 쇄 처 대명프린팅

등록번호 제 25100-2016-000050호

ISBN 979-11-5576-254-7(03500)

주 소 서울 은평구 증산로 15길 69 2층

전 화 02-976-7898, 02-3272-7898.

팩 스 02-6468-7898

홈페이지 gsintervision.co.kr

E-Mail gsinter7@gmail.com

정 가 20,000원